中国鸟类图鉴

鸦科版

巫嘉伟 编著

海峡出版发行集团
海峡书局

图书在版编目（CIP）数据

中国鸟类图鉴：鸦科版 / 巫嘉伟编著. —福州：
海峡书局，2021.12
ISBN 978-7-5567-0889-5

Ⅰ. ①中… Ⅱ. ①巫… Ⅲ. ①鸟类—中国—图集
Ⅳ. ①Q959.708-64

中国版本图书馆CIP数据核字(2021)第264209号

出 版 人：林　彬
策 划 人：曲利明　李长青
编　　著：巫嘉伟
插　　画：林晓莉　李　晔
责任编辑：林洁如　廖飞琴　魏　芳　俞晓佳　陈　婧　陈洁蕾
装帧设计：董玲芝　李　晔　黄舒堉　林晓莉
校　　对：卢佳颖

ZhōngGuó NiǎoLèi TúJiàn(YāKēBǎn)

中国鸟类图鉴（鸦科版）

出版发行：海峡书局
地　　址：福州市台江区白马中路15号
邮　　编：350001
印　　刷：雅昌文化（集团）有限公司
开　　本：889毫米 × 1194毫米　　1/32
印　　张：4
图　　文：128码
版　　次：2021年12月第1版
印　　次：2021年12月第1次印刷
书　　号：ISBN 978-7-5567-0889-5
定　　价：68.00元

摄影作者名单（排名不分先后，按姓氏笔画排列）

马鸣 王志芳 王昌大 韦铭 邓真言培 卢刚

叶学龄 叶祥奎 田穗兴 白文胜 冯利民 乔振忠

刘志元 关翔宇 许明岗 孙晓明 杜卿 巫嘉伟 李思琪 李锦昌 杨宪伟

吴世普 吴崇汉 何屹 宋心强 张永 张乔勇 张国强 张岩 张瑜 陈久桐 陈广磊

陈丽 林昇 罗平钊 夜鹰 郑鼎 袁屏 夏咏 柴江辉 徐征泽

唐军 黄耀华 董文晓 董江天 董磊 曾祥乐 薄顺奇 魏虹

微风早经停息了；枯草支支直立，有如铜丝。一丝发抖的声音，在空气中愈颤愈细，细到没有，周围便都是死一般静。两人站在枯草丛里，仰面看那乌鸦；那乌鸦也在笔直的树枝间，缩着头，铁铸一般站着。

……

他们走不上二三十步远，忽听得背后“哑——”的一声大叫；两个人都竦然的回过头，只见那乌鸦张开两翅，一挫身，直向着远处的天空，箭也似的飞去了。

摘自鲁迅《药》

鸦科鸟类，尤其是羽黑、体大、在开阔环境中叫声凄厉的“乌鸦”，是动物意象表达的突出代表。读者的思绪会随着动物的行为变化而起伏。这里的乌鸦不再是令人生厌的形象。“铁铸”象征着力量，“一声大叫”划破死寂，乌鸦的起飞更是让人联想到自由和雄健。鲁迅先生透过自然界中的一只“乌鸦”和它的行为，刻画出对革命者的深深敬意。

自序

鸦科鸟类，以鸦属为代表，在中国的关注度还不够高。一来，说起鸦科，首先使人联想到“乌鸦”，一种传统认知里不太吉利的鸟，避之而不及；再则，大多数自然环境里，鸦科鸟类既不是旗舰物种，也不是基石物种，更没有为人所称道的外貌，鲜有科学家为它们持续开展野外研究工作。

诚然，鸦科鸟类是生态系统中不可或缺的重要组成部分。拥有超乎寻常的智慧和行为模式的鸦科鸟类，与我们人类比邻而居。随着观鸟活动的兴起，以及 2021 版《国家重点保护野生动物名录》的颁布，将更好地推动人类对它们的探索和认知。

鄙人自幼酷爱观察野生动物。和许多 80 后的同龄人一样，学业占据着童年的记忆，并没有太多机会能让我接触到广阔的大自然。在家乡成都，也很少亲眼见到鸦科鸟类。

20 世纪 90 年代的鸟类贸易市场，成了我近距离观察这些精灵的途径。松鸦、红嘴蓝鹊、喜鹊、白颈鸦被人捕捉后带到市场兜售。它们多是出生不久的幼鸟，被人掏了鸟窝；还有些已经在笼子里长大，甚至经过人工饲养，改变了羽色和出现奇怪行为。

在我看来，这些大鸟仍旧充满了灵性。它们不像其他小鸟那样上下乱窜，能很好适应嘈杂的人类环境。我曾经用“兰、兰”的呼唤声与一只笼养的年轻松鸦对话，它会报以好奇的观察，加上“嘎、嘎”声回应。后来，我用同样的呼唤声在野外进行测试，竟然也能得到野生松鸦类似的回应。直至今日，我仍然无法解读松鸦对这些呼唤声的理解，更难以猜测它们回应一个陌生人类的意义。

长大后，我的工作再也没有离开过野生动物的相关领域。我很庆幸能在野外观察这些可爱的野鸟，甚至参与救助工作。成年的我，得以用更加科学且正确的方式，去关注它们、了解它们、保护它们。

与海峡书局合作，得以出版这本难得的鸦科鸟类专门图鉴。在这本书里，我将国内外研究成果和观鸟者的野外经验相结合，希望以此推动相关的公民科学发展，并为同仁们在未来深入系统研究鸦科鸟类提供参考。

本书编写过程中，陈湘远参与了前期工作，孟珊珊协助整理了部分图片，高玉凤和杨晓彤协助整理参考文献。张明先生为本书顺利出版起到关键作用。在此一并致谢。

时间仓促，内容难免有所纰漏，还望读者指正，以盼再版更新。

巫嘉伟

2021 年 6 月于成都

如何使用本书

本书是鸦科鸟类专门图鉴，从基本生物学特征，延展到每一个属的全球分类分布信息，着重于中国有分布物种的详细介绍。

物种的名称信息，除基础的中文名、学名、常用英文名以外，更有物种命名的来源释义，帮助读者了解学名大意，促进国际交流。同时，根据世界自然保护联盟（IUCN）濒危物种红色名录注明了每个物种的受胁等级。每个物种都有基本辨识特征的形态描述，对现有分类基础上的各亚种情况也有介绍。并汇总了各物种野外观察一手记录和相关研究成果，多数列举了具体地区的习性知识，想必读起来更加有趣。鸦科鸟类的繁殖行为多具特色，因此单列描述，亦具有一定参考价值。部分形态类似的种类，有专列文字辨析。书末附有相关索引，便于读者快速查找物种。

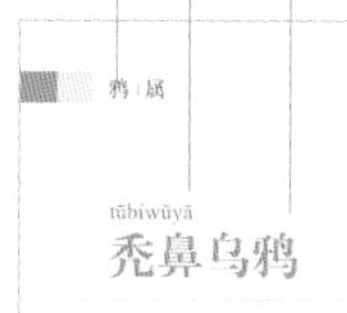

英文名
学名

- Rook *Corvus frugilegus*
- 受胁等级：无危（LC）
- 学名词源：种名 *frugilegus* 来源于拉丁语，由“*frux*（或 *frugis*）”和“*legere*”组合而来。前者意为水果，后者意为摘取、挑选。

L 41～51 厘米　　W 390～500 克

鸟种信息

形态　中大型鸟类。通体黑色具金属光泽。最典型的特征为细长喙的基部裸露，呈灰白色。虹膜黑褐色，脚黑色。幼鸟与成鸟形态类似，但喙基被羽毛，且鼻孔也有覆毛。

习性　通常栖息于海拔较低的地方，例如低山、丘陵、平原、农田和荒地。秃鼻乌鸦是高度群居性的鸟类，有时与其他鸟类如寒鸦、椋鸟类等有混群。据观察，秃鼻乌鸦有南北迁徙的习性，在中国中部和东部有大群的越冬记录。湖北省武汉市的城郊湿

①指名亚种侧面观，眼先和喙明显裸露 / 新疆富蕴 / 吴世普

图片编码
图片说明
拍摄地点
拍摄者

094

目录

引言

已知最早的鸦科鸟类化石记录出产于北美和欧洲中新世，距今约1500万年前。而全世界的鸦科化石记录超过18个属，各大洲均有代表属。20世纪80年代，山东省潍坊临朐地区出产的，仅保留有头骨和喙部的山旺组（中新世中期）鸦科化石，是中国最早的鸦科鸟类化石标本记录之一。

今天，世界上现生雀形目鸦科鸟类共有133种。中国分布有13属32种，占全球种数的24%，占全国鸟类种数的2.1%。32种鸦科鸟类中，有3种为中国特有，即黑头噪鸦 *Perisoreus internigrans*、台湾蓝鹊 *Urocissa caerulea* 和白尾地鸦 *Podoces biddulphi*。它们的形态和行为各具特色，不仅有看上去黝黑、羽毛具有光泽的“乌鸦”，还有以蓝、绿或黑白为主色调的种类。在中国，鸦科鸟类的体型为雀形目较大者。尤其是当曾经最小的成员——褐背拟地鸦被归入山雀科 Paridae 并改名地山雀 *Pseudopodoces humilis* 之后，中国最小鸦科鸟类的名号就落到了体长28厘米的黑尾地鸦 *Podoces hendersoni* 身上。而最大者则是渡鸦 *Corvus corax*，体长超过65厘米，它也是雀形目中最大的鸟类。鸦科鸟类广泛分布于中国全境，从热带雨林到荒漠戈壁，从雪域高山到低地平原。它们对食物不怎么挑剔，浆果、昆虫、小型脊椎动物，甚

山东临朐的秧鸡和鸦类化石 / 叶祥奎

至是大型动物的尸体，都可能为它们所取食。寒冷地区生活的星鸦和噪鸦类，还会提前在林间储藏种子食物，以备不时之需。

较强的环境适应能力使得鸦科鸟类少有长距离迁徙的行为，普遍飞行能力较弱。一般认为，大部分鸦科鸟类终生居留在局限的小范围区域。有些种类受到气候变化影响和食物吸引，会在不同海拔段作垂直迁移。不同的鸦科鸟类对栖息地的偏好有所差异。如“蓝鹊”和“绿鹊”生活在阔叶林和针阔混交林，“噪鸦”主要见于较为原始的针叶林，“地鸦”则顽强地生活在戈壁和荒漠。

群飞的达乌里寒鸦 / 四川木里 / 巫嘉伟

从多种鸦科鸟类对环境的适应来看，中国拥有丰富多样的野生动物栖息地，可见一斑。

在中国传统认知中，乌鸦因其通体乌黑，自带神秘气质，且叫声凄凉，是厄运的象征，这其实是特指温带开阔环境的鸦属物种。更有意思的是，黑色的“乌鸦”和黑白的“喜鹊”，同属科学定义的鸦科 Corvidae，二者在中国传统的认知中，却有着邪恶与吉祥的天壤之别。当然，欧洲的“乌鸦”文化恰好相反，它们被当作带来幸福的吉祥鸟而受到关注和保护。“乌鸦”的形象深入人心，在经典分类学中，科学家也将具有短粗且略弯的喙，或羽色较暗，或叫声嘈杂的其他鸟类冠以“鸦”之名，如鸦鹃、海鸦、鸦雀和鸦嘴卷尾。

“喜鹊”和大嘴乌鸦 *Corvus macrorhynchos* 在我国广为人知，是和人类密切伴生的野鸟。但是，它们也会因为栖息地的变化而局部消失。20 世纪 90 年代，四川省成都市的建成区是大嘴乌鸦、秃鼻乌鸦 *Corvus frugilegus* 等多种鸟类的栖息之所。30 多年过去了，现在仅存少量“喜鹊”生活在植被较好的公共区域，另外还有人为引入的灰喜鹊 *Cyanopica cyanus* 和白颈鸦 *Corvus torquatus* 被观鸟者偶尔发现。科学家将北京越冬的小嘴乌鸦 *Corvus corone* 和秃鼻乌鸦作为环境指示物种进行监测，发现它们在城郊集群取食生活垃圾，再返回城区夜栖，它们的粪便样品中检测出不同程度的重金属富集。东亚地区的秃鼻乌鸦和白颈鸦，也正面临着栖息地丧失、食物减少和环境污染等威胁，出现了种群衰减的现象。善于与人互动的鸦科鸟类，还不断遭遇偷猎和非法贸易的危险。2021 年初，国家林业和草原局、农业农村部发布新的《国家重点保护野生动物名录》，将鸦科鸟类的黑头噪鸦列为国家一级重点保护野生动物，蓝绿鹊 *Cissa chinensis*、黄胸绿鹊 *Cissa hypoleuca*、黑尾地鸦、白尾地鸦列为国家二级重点保护野生动物，予以更严格的保护。

鸦科的鉴别

雪山背景的红嘴山鸦群 / 陈广磊

形态

野外经验丰富的观鸟者可以通过站立和飞行轮廓、局部羽色、典型行为等基本点，来确定鸦科鸟类的种类，再通过仔细观察羽色细节，区别幼鸟、亚成鸟、成鸟等不同个体。

鸦科鸟类是雀形目中较大者。翅膀钝圆，初级飞羽 10 枚。尾羽 12 枚，不同种类存在平尾、圆尾和凸尾等形态区别，可作为定种依据之一。脚强健，前缘被盾状鳞，共 4 趾，前 3 后 1，中趾和侧趾在基部并合。

中国的鸦科鸟类大部分雌雄同色。在野外观察时，很难分辨性别。当然，这也可能是因为人类的三色视觉所造成的，而在四色视觉的鸟类看来，全身漆黑的“乌鸦”们或许是五彩斑斓的，一些对羽毛微观结构的研究也印证了这一点。另外，在繁殖期间，观察亲鸟行为也是较好判断性别的方法，许多鸦科鸟类实行一夫一妻制，雄鸟在外觅食，雌鸟留守巢内孵卵。在科学研究中，我们还可以通过其他方式，来判断鸦科鸟类的性别。以鸦属为例，躯体结构长度的组合可以作为性别判断的参考。在小嘴乌鸦、冠小嘴乌鸦 *Corvus cornix* 中，雄鸟较雌鸟的翅膀、喙更长，且泄殖腔的形状也有所不同。上述的组合特征可以基本确定性别，观察时还需要充分考虑幼鸟和亚成鸟的因素。但是，这些差异在野外观测时较难奏效。另外，科学研究中也可采集少量血样和羽毛，再通过分子生物学手段进行判断。

鸣声

鸦科鸟类多喜欢鸣叫，且声音响亮。在野外观察调查时，通过叫声来定位和辨别种类是比较有效的办法。通常认为，作为雀形目的鸟类，鸦科并不如其他种类的声音那么多变。无论是民间认为吉祥报喜的“喜鹊”，还是被视为不祥的“乌鸦”，大部分的鸦科鸟类叫声单调和粗糙。然而，鸦科鸟类的叫声其实蕴含着很多交流信息，同类间可以通过鸣叫声的长短和不同声调来表达准确信息，如报警、取食等。观鸟者不妨多留意听听，甚至录下这些“不美妙”的叫声，将其进行比对，或许能理解更多有趣的生物学知识。

红嘴山鸦青藏亚种的鸣叫 / 云南丽江 / 董江天

鸦科鸟类（图为黄胸绿鹊）以白天活动为主，拥有较大的眼睛 / 广西 / 田穗兴

视觉

鸦科鸟类都拥有极其敏锐的视力，可在较远距离观察需要获取的食物。它们的眼睛可以在瞬间改变观察焦点，更有助于逃避捕食者的侵害。良好的视力也非常有利于家族成员等同类间的沟通交流，彼此间一个不易被察觉的细微动作，就可以清楚传递所需表达的信息。

鸦科的“智慧”

自然界中，雀形目鸟类的大脑皮层神经元的平均堆积密度是灵长类动物的2倍，更是其他哺乳动物的4倍。有研究表明，在同等大脑重量的条件下，雀形目鸦科鸟类的脑神经元数量会是对应灵长类的2倍多。这意味着，虽然鸦科鸟类的绝对脑容量较小，但相对脑容量却很大，更好地解释了鸦科鸟类为何拥有超高的认知能力。美国科学家研究发现，鸦科鸟类有“记仇”的行为，甚至向同类传播这样的意识，促使群体产生“报复”行为。在多项认知测试中，鸦科鸟类的表现相当于甚至超越了类人猿，被称作“长羽毛的类人猿”。

它们非凡的记忆力、巨大的好奇心、高度的社会性和可能具备的共同学习能力，造就了其复杂的社会行为，尤其是家庭化行为，还有觅食技巧和工具的使用。譬如，冬季的四川若尔盖县包座森林中，黑头噪鸦会趁人们清晨还未起床，悄悄划进院里，啄食晾晒的腊肉和香肠，获取更多的蛋白质和热量。2008年5月，我们还在云南省香格里拉县乡村公路上，意外观察到小嘴乌鸦把往来的汽车当作钳子使用——它们采摘新鲜核桃后，放置在水泥路面，待汽车碾碎坚果后取食。整个过程的动作非常娴熟，令人惊叹。

部分鸦科鸟类还有贮藏食物的能力。研究者将它们分为三种类型。第一种是不贮藏食物者，指完全没有贮藏行为的鸟，比如寒鸦类和山鸦类。第二种为适度贮藏者，它们全年都有贮藏食物的行为，而且会贮藏不同种类的食物，但它们的生存并不完全依赖这些食物，例如蓝鹊类和秃鼻乌鸦。最后一类是专一贮藏者，它们的贮藏行为往往具有季节性，在食物产量丰富的季节开始采集贮藏，食物量很大，但种类往往比较单一，且贮存的时间较长。虽然传统认为，鸦科鸟类是从不贮藏食物者逐渐演化出贮藏能力的；但研究表明，原始鸦科鸟类中最早出现的是适度贮藏者，其中一些种类逐渐放弃了贮藏的本领，而另一些种类则强化了专一贮藏能力。

进入院子准备偷吃腊肉的黑头噪鸦 / 四川若尔盖 / 巫嘉伟

小嘴乌鸦利用汽车压碎核桃后取食 / 香格里拉到奔子栏路上 / 巫嘉伟

鸦科体表各部位示意图

背
肩
头顶
眼先
鼻须
上嘴
下嘴
喉
三级飞羽
次级飞羽
初级飞羽
胸
腹部
爪
尾上
肛周
胁
尾
跗跖

初级飞羽
初级覆羽
小翼羽
次级飞羽
次级大覆羽
三级飞羽
次级中覆羽
次级小覆羽
后颈
上背
肩
尾上
腰

噪鸦属 / *Perisoreus*

噪鸦属是一类体型较小的鸦科成员，与鸦科的灰喜鹊属有更近的亲缘关系。

除北噪鸦 *Perisoreus infaustus* 羽色带有棕红色外，该属其他成员均主要以灰黑色为主。全球噪鸦属共有 3 个种：分布于欧亚大陆的北噪鸦和黑头噪鸦，以及北美洲的灰噪鸦 *Perisoreus canadensis*，我国可见前 2 种。噪鸦属广泛分布于北半球，其中北噪鸦分布在古北界针叶林中，而灰噪鸦栖息于新北界针叶林，二者共同形成了噪鸦属的环北极带分布现象。此外，黑头噪鸦是我国的特有鸟，该种的演化形成可能与青藏高原的抬升有关。

噪鸦属鸟类的繁殖期通常较早，每年 3 月或 4 月即开始筑巢产卵。此时，气温仍然较低，食物短缺。因此，它们演化出了贮藏食物的行为，以帮助它们在严寒而恶劣的环境中繁衍生息。

bĕizàoyā

北噪鸦

- Siberian Jay　*Perisoreus infaustus*
- 受胁等级：无危（LC）
- 学名词源：属名*Perisoreus*的来源存在一定的争议，一说属名源于古希腊语“*perisōreuō*”，取自噪鸦属的贮藏食物行为，意为“堆积”或 “埋下”；另一说认为属名源自拉丁语，意为“用于占卜土星的献祭鸟”。种名*infaustus*来自拉丁语，意为“不幸的”。在300多年前的瑞典和芬兰地区，北噪鸦被视为带来疾病的鸟，是不祥的预兆。当然，现在的人们早已转变了观念，对这种小鸟充满了喜爱之情。

L　28 ~ 31 厘米　　　　W　72 ~ 92 克

形态

小型鸟类。躯体灰棕色为主，胸部与背部色浅，腹部稍深，呈棕黄色。头黑褐色，前额皮黄色。两翼灰褐色，胁部具锈红色块斑。尾中央灰褐色，两侧锈红色，尾下覆羽红褐色。喙黑色，脚黑色。

习性

典型的古北界寒温带泰加林鸟类，主要栖息在针叶林或者以针叶林为主的针阔混交林，尤其是云杉和冷杉林中最容易见到。多成对或成小群活动，性活泼而显得喧闹，具协作觅食能力，但在飞行过程中则非常安静，飞行时尾巴还常扇形散开。北噪鸦食性复杂，取食昆虫等小型无脊椎动物、小型脊椎动物、植物果实种子，甚至食用动物尸体等。北噪鸦有贮食行为，食物通常存放在树上而非地面，食物分散贮藏在不同地点，以降低遭遇偷窃的损失。

①东北亚种侧面观 / 内蒙古 / 白文胜

繁殖

繁殖期在每年的3至6月，营巢在距离地面2米以上的高树枝上。每窝3至4枚卵，偶见5枚。雌鸟雄鸟共同繁育后代。具有亲缘关系的北噪鸦会有更紧密的合作，包括协助抚育后代和相互传递预警信息。子代性成熟后存在滞留现象，协助父母抚育其他后代。繁殖期内，显得非常安静和隐匿。

分布

北噪鸦有5个亚种，均为留鸟，分布自欧洲斯堪的纳维亚半岛，至西伯利亚东部的鄂霍次克海岸。中国分布有东北亚种 *P. i. maritimus*（见于黑龙江东北部和内蒙古东北部，背部偏灰）以及新疆亚种 *P. i. opicus*（栖息于新疆北部，背部偏棕色）。

②东北亚种的腹面观 / 内蒙古呼伦贝尔 / 张永

③新疆亚种 / 新疆阿尔泰山 / 马鸣

hēitóuzàoyā
黑头噪鸦

- Sichuan Jay *Perisoreus internigrans*
- **受胁等级**：易危（VU）
- **学名词源**：种名*internigrans*来源于拉丁语，意为“有些许黑色的”。黑头噪鸦的头与两翼颜色较深，故而得名。

L 29～32 厘米 W 90～110 克

①全身灰黑色，黑色的头部在适当的光线条件下，比较明显 / 四川黄龙 / 邓真言培

形态

小型鸟类。躯体以深灰色为主，头部呈黑色，两翼为黑色或棕褐色。喙短，呈淡黄色。脚为黑色和棕色。

习性

多以单只个体或几只为单位，活动于海拔 2800 米以上的高山针叶林中，尤其喜欢浓密的暗针叶林，为当地留鸟。树栖活动，常在林间飞来飞去，飞行距离一般不远，飞行过程中悄无声息。活动期间，个体彼此相隔不远，并不时发出单调而粗犷的叫声相互召唤。同域分布的大噪鹛 *Ianthocincla maxima* 有时会躲在林下灌丛间，发出非常相近的叫声。黑头噪鸦食性较杂，以肉食为主，包括小型无脊椎动物、植物果实、种子、嫩芽等，也有食腐习性。

②取食忍冬科植物的红色果实 / 四川阿坝梦笔山 / 杨宪伟

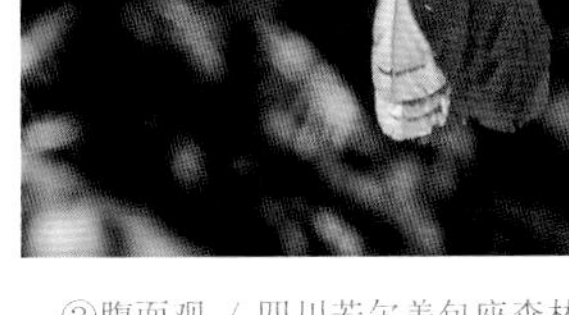

③腹面观 / 四川若尔盖包座森林 / 冯利民

繁殖

每年 3 至 5 月为繁殖期，每窝产卵约 3 枚，雌雄共同抚养子代。并且子代在性成熟后存在滞留现象，也就是年长者会在父母的领地内，协助抚养年幼的“兄弟姐妹”。

分布

单型种，为中国特有鸟类，仅分布于甘肃南部、四川西部和北部、青海东南部和西藏东北部的中国西南山地部分区域。由于全球气候变暖和栖息地的丧失，分布呈碎片化，亟须更多的关注和保护。黑头噪鸦已被列为国家一级重点保护野生动物。

松鸦属 / *Garrulus*

全球松鸦属共有3个种，为松鸦*Garrulus glandarius*、黑头松鸦*Garrulus lanceolatus*及琉球松鸦*Garrulus lidthi*。其中，松鸦是广布种，从欧洲大陆西端一直到东亚和东北亚的沿海均有分布，琉球松鸦仅分布于琉球群岛。黑头松鸦仅分布于阿富汗至喜马拉雅山脉一带，从西藏南部鸟种新记录来看，与白颊鹎*Pycnonotus leucogenys*、黑眼线黄山雀*Machlolophus xanthogenys*等代表鸟种生存在相同的山谷针阔混交林。区域性较为常见的黑头松鸦，也很有可能出现在我国境内相应环境中，有待进一步发现和证实。目前，我国有确切记录的松鸦属物种，仅松鸦1种。

黑头松鸦 / 印度北部 / 巫嘉伟

松鸦的普通亚种 / 陕西洋县 / 陈久桐

sōngyā
松鸦

- Eurasian Jay *Garrulus glandarius*

- 受胁等级：无危(LC)
- 学名词源：属名*Garrulus*来源于拉丁语，意为“吵闹的”。种名*glandarius*来源于拉丁语，意为“橡子”，与其贮藏食物的行为有关。

L 28～35厘米 W 120～190克

①云南亚种-2019年2月 / 云南西部 / 田穗兴

中小型鸟类。通体粉褐色至灰褐色，部分亚种头顶具黑色纵纹且脸颊部有白色。两翼黑色，多具蓝色横纹和白色块斑。腰白色，飞行时很醒目。尾下覆羽也为白色，尾羽黑色。虹膜褐色，喙灰黑色，脚棕色。

典型的森林鸟类，栖息于阔叶林、针叶林、针阔混交林中，也出现在林缘耕地和疏林地觅食。通常单独或小群聚集活动，在树叶丛间悄然跳动，或从一棵树飞到另一棵树，偶尔发出粗犷而单调的叫声。松鸦为杂食性鸟类，食物包括小型的无脊椎动物和脊椎动物、植物的果实和种子、其他鸟类的卵甚至幼鸟。在秋季，松鸦存在贮食行为，会囤积松子之类的植物种子。大部分贮藏物都会被记住和取食，那些被遗忘的种子则促进了红松等植物的传播。

繁殖期为 4 至 7 月，营巢于树枝上，每巢 5 至 8 枚卵，由雌鸟和雄鸟共同抚育后代。雌鸟孵卵期间，雄鸟会取食喂养雌鸟，会倾向于喂食雌鸟个体更喜好的食物。除繁殖期成对活动外，其他季节则集成 3 至 5 只小群活动。

广泛分布于欧亚大陆，有34个亚种。中国可见7个亚种，分别为东北亚种*G. g. brandtii*、北京亚种*G. g. pekingensis*、甘肃亚种*G. g. kansuensis*、普通亚种*G. g. sinensis*、西藏亚种*G. g. interstinctus*、云南亚种*G. g. leucotis*和台湾亚种*G. g. taivanus*。其中东北亚种分布于东北三省及内蒙古北部，头顶具有较粗的黑纹；北京亚种仅分布于北京、河北一带；甘肃亚种仅分布于甘肃西部和青海东部；普通亚种分布于河南、陕西南部及长江流域以南的各省区，翅上没有白斑；西藏亚种分布于西藏南部；云南亚种分布于云南南部，枕部黑色，前额、脸颊和头部均为白色；台湾亚种仅分布于台湾地区，鼻孔周围的黑色明显。

②普通亚种，展示飞行的羽色 / 云南昆明 / 韦铭

③东北亚种的头部黑色纵纹最为明显 / 辽宁沈阳 / 孙晓明

④松鸦普通亚种的翅膀上没有白斑 / 四川木里县博窝乡 / 何屹

⑤交配行为 / 福建福州 / 郑鼎

灰喜鹊属 / *Cyanopica*

世界上，灰喜鹊属共2种，为灰喜鹊和伊比利亚灰喜鹊 *Cyanopica cooki*。伊比利亚灰喜鹊分布于欧洲的伊比利亚半岛，原是灰喜鹊的亚种，后被独立成种。灰喜鹊是人类研究发现的第一个亲社会型鸟类，它们可以迅速帮助同伴获得食物，颇具“雷锋精神”。灰喜鹊属在中国仅见1种，即灰喜鹊。

huīxǐquè

灰喜鹊

- Azure-winged Magpie　*Cyanopica cyanus*
- 受胁等级：无危（LC）
- 学名词源：属名*Cyanopica*来源于拉丁语，由“*cyanos*”和“*pica*”两个词组合而成。前者意为天青色或天青石，形容灰喜鹊的外形颜色；后者为喜鹊的拉丁文。种名*cyanus*来源于古希腊语，意为深蓝色，同样形容灰喜鹊的颜色。

L　33～40厘米　　　W　70～130克

中型鸟类。躯体以灰蓝色为主，具黑色头罩，头部仅颏和喉白色，上背灰色，两翼天蓝色。尾天蓝色且呈楔形，中央尾羽末端白色，胸腹部及尾下覆羽白色。虹膜黑褐色，喙黑色，脚黑色。

栖息于低山、平原的次生林及人工林中，也见于田野、村落和市区公园，是一些地区的城市野鸟。在四川北部的红原、若尔盖等地，也见于海拔超过3000米的高原开阔灌草丛。灰喜鹊通常成对或者集群活动，曾记录过超过40只个体一齐活动，在树林和灌木中穿梭跳跃，有季节性游荡的习惯。灰喜鹊为杂食性鸟类，有贮存食物的习性，食物包括了小型的无脊椎动物和脊椎动物，尤其是半翅目和鞘翅目动物，还有植物的果实和种

①侧面观 / 辽宁沈阳 / 孙晓明

子，有时也会取食人类丢弃的生活垃圾。由于捕食昆虫的偏好，传统认为是“森林灭虫能手”，被引入到一些林区，甚至曾经被人工驯养，用于林场控制松毛虫等虫害。叫声嘈杂而单调，常用作个体间的联络和保持群体行动的一致性。

繁殖

繁殖期为每年 4 至 7 月，多营巢于较高的树枝上，有利用其他鸦科鸟类旧巢的习性。每巢 4 至 7 枚卵，雌鸟和雄鸟共同抚育后代，其中雌鸟负责孵卵，雄鸟主要负责喂食。

分布

全球 3 个亚种，我国可见 2 个。一是指名亚种 *C. c. cyanus*，主要见于东北、华东、华北和中西部地区，如四川西北部、甘肃西部和青海东北部。二是长江亚种 *C. c. swinhoei*，分布于四川中部和东北部，向东可达江西和浙江。

②亚成鸟羽色-6月 / 上海植物园 / 薄顺奇

③成鸟飞行腹面观 / 上海浦东 / 薄顺奇

④幼鸟形态 / 河北邢台 / 柴江辉

蓝鹊属 / *Urocissa*

全球的蓝鹊属共有 5 个种，除了南亚的斯里兰卡特有种斯里兰卡蓝鹊 *Urocissa ornata* 外，其余 4 种在我国均可见。蓝鹊属分布于南亚地区、中南半岛和中国长江流域以南。其中，红嘴蓝鹊 *Urocissa erythroryncha* 的分布最广。蓝鹊属都具有较长的尾羽，雌雄同色，除白翅蓝鹊 *Urocissa whiteheadi* 为黑白配色外，其他种均以蓝色调体羽为主，且颜色鲜艳。

táiwānlánquè
台湾蓝鹊

- Taiwan Blue Magpie　*Urocissa caerulea*
- 受胁等级：无危（LC）
- 学名词源：属名 *Urocissa* 来源于古希腊语，由“*oura*”和“*kissa*”两个词组合而成，前者意为尾巴，后者意为喜鹊或鹊。种名 *caerulea* 来源于拉丁语，意为深蓝色，形容台湾蓝鹊的外形颜色。1862 年在台湾淡水地区，英国人 Robert Swinhoe 雇佣的猎人带回两根漂亮的尾羽，初步判断为蓝鹊属物种，后来获得了更多的整体标本。此后，英国鸟类画家 John Gould 从 Robert Swinhoe 手里获得台湾采集的鸟类标本，将其作为当时台湾 16 个鸟类新物种之一，予以科学命名。

L　53 ~ 65 厘米　　W　254 ~ 260 克

①鸣叫行为 / 台湾 / 吴崇汉

②背面观-2016年10月 / 台湾 / 田穗兴

形态

中大型鸟类。头颈及上胸黑色，其余体羽深蓝色而腹部稍淡，次级和初级飞羽端部具白色羽缘。尾呈楔形，中央尾羽延长并具白色端斑，其他尾羽具白色端斑和黑色次端斑。每年 12 月，是台湾蓝鹊换羽结束，羽色最为鲜亮的时节。除了用水浴和日光浴来护理羽毛外，它们还会采取蚁浴，即吸引蚁群在浑身羽毛上叮咬，以去除寄生虫。虹膜黄白色，喙鲜红色，脚鲜红色。野外观察很难判断性别，但繁殖期只有雌性卧巢孵卵，且腹部有较为明显的孵卵斑可供判别。

习性

留鸟，又被称作“长尾山娘”，栖息于海拔 300 米至 1200 米的天然林和次生阔叶林中，也见于林缘、河谷和公园。通常成对或集小群活动，穿

③腹面观 / 台湾 / 吴崇汉

梭于树林之间，穿梭时排成一列，景象壮观。台湾蓝鹊为杂食性动物，有着很好的搜寻猎物能力和捕猎技巧，食物多以动物为主，包括各种小型的无脊椎动物和脊椎动物、鸟类的卵，甚至是动物尸体和腐肉，也会食用一些植物，如木瓜的果实和种子。台湾蓝鹊还存在加工、分享、贮存食物等行为特点。例如，在食用长满毒毛的毛虫时，会咬住毛虫上端，利用粗糙树皮摔磨掉毒毛，再啄破毛虫尾部，流出体液后进食。获得食物后，台湾蓝鹊也会与家族成员分享食物，以确保食物物尽其用；如果单次食物有所过量，它们则会在树洞、灌丛或石头下塞进多余的食物，甚至用树叶或苔藓进行覆盖掩藏，不同个体有各自贮存食物场所的偏好。

繁殖

繁殖期为每年的3至5月，每巢3至8枚卵。台湾蓝鹊的繁殖策略可以称为“巢边帮手制度”，即群内只有一对最具优势的成鸟进行一夫一妻制的繁殖，而其他成员都得担当抚育后代的帮手，且帮手的八成以上是雄性。出生后的幼鸟和亚成鸟有很强的好奇心，会利用树叶、树枝甚至人类遗落的盖子、弹珠等进行叫声、取食等行为的练习。在2003年，台湾发现该岛的外来种红嘴蓝鹊与台湾蓝鹊的杂交繁殖案例。台湾蓝鹊喜群居，被认为性情凶悍，会攻击比自己个体更大的动物。在育雏期间有很强的领地意识，会驱逐任何靠近的动物，在公园里偶有发生攻击游客和宠物狗的行为，它们通常采取从背后偷袭头部的策略。在长期的演化中，台湾蓝鹊也发展出了不同种类的功能性叫声，包括联络、警告、乞食，再结合敏锐的听力，可以在很远距离进行有效沟通。它们对不同的天敌也会表现出相对应的警戒站立位置和警报叫声，且家族成员参与的程度也不尽相同。

分布

单型种，为中国特有鸟。仅分布于台湾中部的中低海拔森林地带。根据研究，台湾蓝鹊的祖先可能是在200多万年前，由喜马拉雅地区向南拓展，经过中南半岛、海南岛至台湾，经过长期地理隔离而演化成台湾蓝鹊这一物种。

④典型的集群生活习性 / 台湾 / 董江天

huángzuǐlánquè

黄嘴蓝鹊

- Yellow-billed Blue Magpie　*Urocissa flavirostris*
- 受胁等级：无危（LC）
- 学名词源：种名*flavirostris*来源于拉丁语，由“*flavus*”和“*rostris*”两个词组合而成；前者意为黄色，后者意为嘴，直观描述了黄嘴蓝鹊的外形特征。

L　45～69 厘米　　　　W　120～175 克

①成年个体取食其他鸟类的尸体 / 西藏 / 唐军

形态

中大型鸟类。浅蓝色为主，头颈和上胸黑色，后颈具白色斑，上背灰色，两翼及尾上覆羽浅蓝色，下胸至腹部以及尾下覆羽白色。尾呈楔形，中央尾羽延长且末端白色，其余尾羽具白色端斑和黑色次端斑。似红嘴蓝鹊但头顶黑色且嘴黄色。虹膜黄褐色，喙黄色，脚橘红色。

习性

留鸟，主要栖息于山地森林中，适应海拔可达3500米，在常绿阔叶林中最为常见。成小群出现，喜欢在树枝间活动，觅食则会在开阔的地面上。黄嘴蓝鹊为杂食性动物，以昆虫等小型无脊椎动物为主食，也取食其他鸟类的幼鸟和卵，以及植物的果实和种子。

繁殖

每年的5至7月为黄嘴蓝鹊的繁殖期，在树上营巢，每巢3至5枚卵。

分布

分布于喜马拉雅山脉一带及越南北部，共有4个亚种，我国仅可见1个亚种，为指名亚种 *U. f. flavirostris*，分布于云南西部和西藏南部。

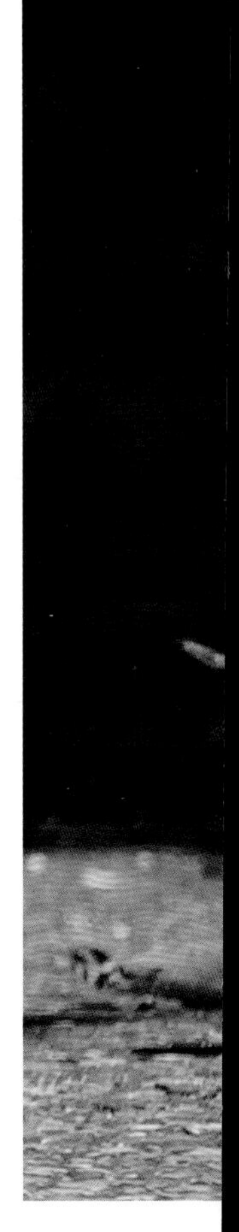

②背面观 / 西藏 / 唐军
③捕食喜马拉雅水鼩 / 西藏吉隆 / 李思琪

④成小群活动，展现腹部羽色 / 西藏 / 陈久桐

hóngzuǐlánquè

红嘴蓝鹊

- Red-billed Blue Magpie *Urocissa erythroryncha*
- **受胁等级：**无危（LC）
- **学名词源：**种名*erythroryncha*来源于古希腊语，由"*eruthros*"和"*rhunkhos*"组合而成。前者意为红色，后者意为嘴，直观描述了红嘴蓝鹊的外形特征。

L 54～65厘米 | W 150～210克

①侧面观 / 河南洛阳 / 杜卿

②华北亚种飞行侧面观 / 辽宁沈阳 / 孙晓明

③偶尔捕食小型哺乳动物 / 江西婺源 / 叶学龄

④指名亚种集群在唐家河保护地的景观灯旁取食死亡的蛾类 / 四川广元 / 巫嘉伟

⑤指名亚种的亚成鸟-2016年8月 / 深圳 / 田穗兴

形态

中大型鸟类。头及上胸黑色，顶冠至枕后白色且具黑色细纹，上背蓝灰色，两翼及尾上覆羽天蓝色，下胸至腹和尾下覆羽白色。尾呈楔形，中央尾羽延长且具白色端斑，两侧尾羽具白色端斑和黑色次端斑。虹膜红色，喙鲜红色，脚鲜红色。

习性

栖息在低山和丘陵环境中，常见于油松林、次生林及人工林内，有时也见于城市公园。通常小群或者大群聚集活动，在树林间穿梭跳跃，叫声婉转多样。红嘴蓝鹊为杂食性动物，食物组成为小型的无脊椎动物和脊椎动物、植物的果实和种子，偶尔也会取食玉米等农作物。

繁殖

繁殖期为每年的5至7月，通常营巢于树木上，而在城市里生活的红嘴蓝鹊倾向营巢于人类道路旁。每巢3至5枚卵，雌鸟和雄鸟共同负责孵卵与育雏。

分布

分布于东亚及东南亚中南半岛，共有5个亚种。其中我国可见3个亚种，分别为指名亚种 *U. e. erythroryncha*、云南亚种 *U. e. alticola* 和华北亚种 *U. e. brevivexilla*。指名亚种广泛分布于我国秦岭和长江以南地区，上体蓝色较深；云南亚种主要见于云南，体型偏大，枕部浅蓝色斑块较小；华北亚种分布于辽宁、内蒙古、甘肃、宁夏、北京、河北、河南、山东和山西等地区，上体羽色较浅，灰色显著。

⑥指名亚种飞行时的背面观 / 四川马边 / 黄耀华
⑦头部羽毛立起 / 辽宁沈阳 / 孙晓明
⑧华北亚种取食肉块，注意背部灰色较为显著 / 河北邢台 / 柴江辉

7

8

鉴别要点

在分布上，台湾蓝鹊仅分布于台湾，易于与其他两种蓝鹊区分。外观上，台湾蓝鹊和红嘴蓝鹊同样具有红色的喙部，但有几处可以较为轻松地区分二者：台湾蓝鹊的眼睛为黄色或黄白色，头部全黑无白色斑纹，腹部颜色较背部蓝色稍淡但均为蓝色；红嘴蓝鹊眼睛为红色，头部中央至枕部颈部为白色，腹部为白色。红嘴蓝鹊与黄嘴蓝鹊的区别在于头部后面的白色区域，红嘴蓝鹊的白斑一直延伸至后颈，而黄嘴蓝鹊的白色仅分布于枕部；红嘴蓝鹊的喙部为红色，而黄嘴蓝鹊的喙部为黄色。

báichilánquè

白翅蓝鹊

- White-winged Magpie
  Urocissa whiteheadi
- 受胁等级：濒危（EN）
- 学名词源：种名*whiteheadi*是为了纪念英国探险家John Whitehead先生。

L 43～48厘米　　W 220～290克

形态

中型鸟类。羽色以黑白两色为主，与蓝鹊属其他成员容易区分。全身黑色至下胸较浅，下腹和尾下覆羽白色，两翼小覆羽和大覆羽白色，初级飞羽具较大的白色端斑，尾楔形亦具白色端斑。虹膜黄白色，喙橘黄色，脚黑色。幼鸟与成鸟相似，嘴部为黑色或红色。

习性

留鸟，偏好栖息于低海拔的山地阔叶林中，尤其是河谷雨林。也会出现在村落附近，晨昏靠近人类居住点觅食。常成对或小群体聚集活动，叫声响亮而嘈杂。白翅蓝鹊为杂食性鸟类，主要以昆虫为食，也会食用植物的果实和种子，偶有取食腐肉的行为。

①西南亚种的亚成鸟侧面观 / 广西 / 董江天

繁殖

繁殖期为每年的4至8月，营巢于树枝上，每巢3至6枚卵，由雌鸟和雄鸟轮流孵卵。

分布

在国内，白翅蓝鹊分布于四川南部、云南南部、广西西南部和海南岛，国外见于越南和老挝北部。世界上共有2个亚种，为指名亚种 *U. w. whiteheadi* 和西南亚种 *U. w. xanthomelana*。2个亚种在我国均可见，其中指名亚种栖息于海南岛，西南亚种在我国分布于四川南部、广西和云南南部。2个亚种在形态上有所区别：指名亚种的上体为褐色，初级飞羽无灰色外缘，中央尾羽大多为灰色，末端具白斑，且白斑在外侧尾羽逐渐扩大；而西南亚种的上体以灰黑色为主，初级飞羽具灰色外缘，中央尾羽黑色，局部黄白色，外侧尾羽的黑色部分较少，多为黄白色。有研究认为，2个亚种应是独立种，即海南蓝鹊 *U. whiteheadi* 和白翅蓝鹊 *U. xanthomelana*，中国则增加海南蓝鹊这一特有鸟种。分布于四川南部凉山州美姑县和雷波县的种群与该物种主要分布区相隔甚远，值得关注和研究。

②西南亚种成鸟的侧面观 / 张岩

③育雏行为 / 广西 / 徐征泽

④指名亚种的亚成鸟 / 海南 / 卢刚

⑤亚成鸟腹面观，头胸部浅灰 / 广西 / 张岩

⑥西南亚种背面观，收集巢材 / 四川雷波 / 罗平钊

绿鹊属 / *Cissa*

绿鹊属共有 4 种，分别为蓝绿鹊、黄胸绿鹊、短尾绿鹊 *Cissa thalassina* 和婆罗洲绿鹊 *Cissa jefferyi*，其中我国可见 2 种，即蓝绿鹊和黄胸绿鹊。绿鹊属成员体色以鲜艳的翠绿色为主，雌雄同色。

lánlǜquè

蓝绿鹊

- Common Green Magpie　*Cissa chinensis*
- 受胁等级：无危（LC）
- 学名词源：属名 *Cissa* 来源于古希腊语，意为喜鹊或者噪鸦。种名 *chinensis* 为中国的拉丁文转写。

L　36 ~ 38 厘米　　W　120 ~ 160 克

①侧面观 / 云南 / 曾祥乐

形态

中型鸟类。体羽鲜绿色，具宽阔黑色贯眼纹且延长至枕后，头顶偏黄色，具羽冠，两翼棕褐色，次级飞羽具白色端斑和黑色次端斑。尾长而呈楔形，两侧尾羽具白色端斑和黑色次端斑。虹膜红褐色且具红色眼圈，喙鲜红色，脚鲜红色。

习性

留鸟，通常栖息于热带和亚热带的树林中，有时也会出现在人类聚集地附近的树林中。蓝绿鹊一般单独或成对活动，偶尔也会小群体聚集活动，叫声粗犷洪亮，甚至嘈杂。偏肉食性，取食昆虫等小型无脊椎动物。

繁殖

繁殖期为每年的 4 至 7 月，营巢于灌木或树木，每巢 3 至 7 枚卵。

分布

共有 5 个亚种，分布于中国西南部、中南半岛、马来半岛和印尼群岛。我国仅可见指名亚种 *C. c. chinensis*，分布于云南、广西西南部和西藏南部。蓝绿鹊已被列为国家二级重点保护野生动物。

②羽色偏蓝个体 / 云南西双版纳 / 王昌大
③背面观，展现次级飞羽典型的黑白斑纹 / 云南 / 张岩

huángxiōnglǜquè

黄胸绿鹊

- Indochinese Green Magpie *Cissa hypoleuca*
- 受胁等级：无危（LC）
- 学名词源：种名*hypoleuca*来源于古希腊语，有两种说法：一是由“*hupo*”和“*leukos*”两个词组合而成，前者意为在下方，后者意为白色；另一种是来源于“*huperleukos*”，意为非常白。

L 31～34厘米 W 120～160克

①西南亚种，注意背部蓝绿相间的羽色 / 广西 / 田穗兴

②有较多蓝色羽毛的西南亚种个体-2017年3月 / 广西 / 董江天

③西南亚种左雄右雌，正在育雏 / 广西弄岗 / 夜鹰

中小型鸟类。全身黄绿色，颏喉至胸染鲜黄色，故名。个体间存在或多或少的蓝色替代绿色的羽毛，可能与光照或换羽有关。头具黑色宽贯眼纹且延长至枕后，两翼棕褐色且次级飞羽具浅色端斑，无黑色次端斑。尾短且呈楔形，两侧尾羽具白色端斑和黑色次端斑，中央尾羽具浅色端斑。有些个体羽色更偏蓝。虹膜红褐色，具红色眼圈。喙和脚均为鲜红色。

习性

栖息于中国南方海拔1500米以下的山地森林和次生林中，通常单独或成对在树林或灌木间活动，为当地留鸟。黄胸绿鹊为杂食性鸟类，主要食用昆虫以及植物的果实和种子。在中国较为罕见，生物学资料相对匮乏。

分布

全球共有5个亚种，栖息于中南半岛和中国西南地区，又称印支绿鹊。我国可见2个亚种，分别为西南亚种 *C. h. jini* 和海南亚种 *C. h. katsumatae*。其中西南亚种分布于四川东南部和广西东北部；海南亚种分布于海南岛，为中国特有亚种。西南亚种略大于海南亚种，其他形态区别不甚明显。黄胸绿鹊已被列为国家二级重点保护野生动物。

④海南亚种侧面观 / 海南 / 关翔宇

鉴别要点

黄胸绿鹊和蓝绿鹊外形相似，但黄胸绿鹊的次级飞羽处无黑白色交替端斑，且尾羽明显更短。

树鹊属 / *Dendrocitta*

世界上，树鹊属共有 7 种，分布于亚热带和热带的森林中。该属的鸟类均拥有与身长相当的尾羽，且雌雄形态类似。我国可见树鹊属鸟类 3 种，即棕腹树鹊 *Dendrocitta vagabunda*、黑额树鹊 *Dendrocitta frontalis* 和灰树鹊 *Dendrocitta formosae*。

zōngfùshùquè

棕腹树鹊

- Rufous Treepie　*Dendrocitta vagabunda*
- 受胁等级：无危（LC）
- 学名词源：属名*Dendrocitta*来源于古希腊语，由“*dendron*”和“*kitta*”组合而成；前者意为树，后者意为喜鹊或鹊，属名即为树鹊之意。种名*vagabunda*意为徘徊、漫步。

L　35～45 厘米　　W　80～90 克

①棕腹树鹊-2019年12月 / 西藏山南地区 / 李锦昌

②腹面观 / 尼泊尔 / 薄顺奇

③背面观 / 尼泊尔 / 张岩

形态

中型鸟类。雌雄同色，头部黑褐色至头顶、枕部和上胸，背部红棕色，两翼除飞羽黑色外，其余灰白色。尾呈楔形，中央尾羽延长具黑色端斑，其他尾羽也具黑色端斑。尾灰色且无灰色颈环而有别于其他树鹊。虹膜黑褐色，喙灰白色，脚灰黑色。

习性

留鸟，多栖息于海拔 1200 米以下的中低海拔的山区、丘陵及平原地带多种生境，包括季雨林、阔叶林、天然林、次生林和人工林甚至市区公园，通常成对或以家庭为单位集群活动，采取波浪形的飞行姿态。棕腹树鹊为杂食性鸟类，主要以昆虫、小型脊椎动物以及植物的果实和种子为食。

繁殖

繁殖期为每年的 4 至 6 月，营巢于树上或灌木上，每巢 4 至 5 枚卵。

分布

目前共有 9 个亚种，分布于喜马拉雅山脉一带、南亚次大陆和中南半岛。我国仅有 1 个亚种，即云南亚种 *D. v. kinneari*，目前已知分布于西藏南部和云南西南部。

huīshùquè

灰树鹊

- Grey Treepie *Dendrocitta formosae*
- 受胁等级：无危（LC）
- 学名词源：种名 *formosae* 意为台湾岛。

L 31～39 厘米　　W 70～125 克

①侧面观 / 吴崇汉

中小型鸟类。头部前额至耳后黑色，眼后浅褐色，后枕至颈以及上胸暗灰色，背棕褐色。两翼黑色，初级飞羽基部具白色点斑，腰白色，臀部棕黄色，下体白色染灰色。尾呈楔形，尾上覆羽黑色。虹膜红褐色，喙灰黑色，脚黑色。

在各地均为留鸟，主要栖息于中低山的阔叶林、针阔混交林中，也见于天然林、人工林和城市公园，多成对或集小群活动，在树上或开阔地面取食。灰树鹊为杂食性鸟类，多以植物的果实和种子为食，也会捕食昆虫和小型脊椎动物。

②华南亚种腹面观 / 南京 / 袁屏

繁殖

繁殖期为每年的4至6月，营巢于树上或灌木上，每巢3至5枚卵。

分布

共有8个亚种，主要分布于我国长流流域以南，喜马拉雅山脉、印度东北部和中南半岛北部。我国有5个亚种分布，分别为指名亚种 *D. f. formosae*、四川亚种 *D. f. sapiens*、云南亚种 *D. f. himalayana*、华南亚种 *D. f. sinica* 和海南亚种 *D. f. insulae*。其中，指名亚种仅分布于台湾，腹部为淡褐色，尾羽较短；云南亚种分布于云南西部和西藏东南部，腹部淡灰色，尾羽较长；四川亚种分布于四川中西部，下背部暗褐色，中央尾羽为灰色和黑色参半；华南亚种广布于长江以南的各省区，海南亚种仅分布于海南岛，这2个亚种的下背部为黄褐色，中央尾羽黑色，但海南亚种体型明显较小。

③指名亚种 / 台湾台北 / 巫嘉伟

④海南亚种侧面观 / 海南 / 田穗兴

⑤华南亚种的亚成鸟 / 福建三明 / 刘志元

⑥云南亚种背面观 / 云南保山 / 杜卿

hēiéshùquè

黑额树鹊

- Collared Treepie *Dendrocitta frontalis*
- 受胁等级：无危（LC）
- 学名词源：种名*frontalis*来源于拉丁语，意为前额、眉毛的。

L 35～39 厘米 W 80～88 克

①侧面观 / 云南 / 董江天
②背面观 / 云南 / 田穗兴

形态

中小型鸟类。前额经头顶沿耳部至下喉纯黑色，后枕、颈、颈侧、胸部灰白色，背部、腰部、下腹及尾下覆羽棕红色，两翼黑色，覆羽具灰色条带。尾羽呈楔形且为黑色。虹膜红褐色，喙黑色，脚黑色。

习性

留鸟，主要栖息于中低海拔的阔叶林及针阔混交林，多见于林间开阔地带，冬季也会到平原地带活动。成对或者小集群聚集，在林间滑翔穿梭，喜欢站在孤立而突出的树干上，边飞边叫，叫声洪亮，尖利而嘈杂。黑额树鹊为杂食性，主要以昆虫为食，也会食用植物的果实和种子。

繁殖

繁殖期为 5 至 7 月，营巢于树枝上，每巢 3 至 4 枚卵。

分布

单型种，在我国分布于西藏东南部和云南西部。

塔尾树鹊属 / *Temnurus*

塔尾树鹊属仅有 1 种，即塔尾树鹊 *Temnurus temnurus*。塔尾树鹊与其他树鹊的最大区别在于尾羽的外形，塔尾树鹊的尾羽末端分叉，呈树枝状。

tǎwěishùquè

塔尾树鹊

- Ratchet-tailed Treepie *Temnurus temnurus*
- **受胁等级：** 无危（LC）
- **学名词源：** 属名*Temnurus*来源于古希腊语，由“*temnō*”和“*ouros*”两个词组合而成；前者意为修饰过的，后者意为有尾的，用以形容塔尾树鹊的尾羽外形。种名*temnurus*与属名相同。

L 31～33 厘米 W 55～65 克

形态

中小型鸟类。通体深灰色至黑色，尾独特，成楔形，尖端分叉成棘尖，形成塔状尾羽。虹膜黑褐色，喙黑色，脚黑色。

习性

栖息于雨林、季雨林、阔叶林和郁闭度较高的次生林中，多成对或集小群活动于林地中层，也和大盘尾 *Dicrurus paradiseus* 等鸟类混群，尤其喜欢在开花植物上取食。塔尾树鹊为杂食性鸟类，也有被观察到捕食昆虫。塔尾树鹊的科学观察和研究资料很少。

分布

单型种，无亚种分化。在我国分布于云南南部及海南中部雨林。

①腹面观 / 海南 / 田穗兴

②取食梧桐科植物果实 / 海南 / 关翔宇

③尾羽尖部特化成棘尖，构成宝塔般剪影，故名 / 海南乐东尖峰岭 / 巫嘉伟

鹊属 / *Pica*

鹊属为中大型鸟类，体色黑白相间，具有金属光泽。鹊属广泛分布于欧亚大陆，目前的分类系统将全球的鹊属分为 7 个种，我国可见 3 种（原为喜鹊的亚种），欧亚喜鹊 *Pica pica*、青藏喜鹊 *Pica bottanensis* 和喜鹊 *Pica serica*。其中，中国中东部的大部分地

区所见到的是喜鹊，而欧亚喜鹊和青藏喜鹊在中国北部和西部局部地区较为常见。3种“喜鹊”的适应力极强，为当地留鸟，见于森林、城市和乡村的多种环境中，成对或集群活动，不甚惧人，时常发出典型的叫声。为杂食性鸟类，食物组成随季节变化而不同，繁殖期多以小型的无脊椎动物和脊椎动物为食，非繁殖期多以植物的果实和种子为食。“喜鹊”在中国被认为是“报喜鸟”，传说若在房前叫唤，则这家人必有喜事或贵客临门，是传统文化中吉祥的象征。

欧亚喜鹊 / 新疆 / 夏咏

oūyàxǐquè

欧亚喜鹊

- Eurasian Magpie　*Pica pica*
- **受胁等级：**无危（LC）
- **学名词源：**属名*Pica*来源于拉丁语，意为喜鹊。种名*pica*与属名相同。

L　38～48 厘米　　　W　180～270 克

①新疆亚种侧面观 / 新疆石河子 / 董江天
②成鸟正面观，羽色显得干净 / 乌鲁木齐南山 / 夏咏
③成鸟饮水行为 / 乌鲁木齐南山 / 夏咏

 形态

中型鸟类。黑白色为主，雌雄体羽相似，黑色部分具绿色光泽，尤以尾部和次级飞羽为甚，肩部和下腹及两胁白色。虹膜黑褐色，喙黑色，脚黑色。

繁殖

繁殖期为3至6月，多营巢于高大乔木或建筑物上，每巢5至8枚卵，由雌鸟和雄鸟共同抚育后代。

分布

全球分布有6个亚种，栖息于欧亚大陆及北非。我国可见新疆亚种*P. p. bactriana*和东北亚种*P. p. leucoptera*。其中新疆亚种分布于新疆西部和西藏北部，东北亚种分布于内蒙古东北部。

qīngzàngxǐquè

青藏喜鹊

- Black-rumped Magpie
  Pica bottanensis

- 受胁等级：无危（LC）
- 学名词源：种名*bottanensis*来源于拉丁语，意为不丹。

L 38～48 厘米　　W 180～270 克

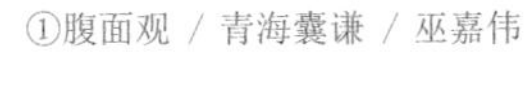

①腹面观 / 青海囊谦 / 巫嘉伟

②侧面观 / 云南香格里拉 / 袁屏

形态

个体较大，以黑白色为主。黑色部分具蓝绿色金属光泽，尤以尾部和两翼为甚，肩部、下腹及初级飞羽白色。腰部黑色，与背部黑色相连，故又称黑腰喜鹊。雌雄体羽相似。虹膜黑褐色，喙黑色，脚黑色。

繁殖

繁殖期为3至6月，多营巢于开阔地的高大乔木上，巢内外数层，大而醒目，每巢5至8枚卵，由雌鸟和雄鸟共同抚育后代。

分布

原本为欧亚喜鹊的普通亚种，根据最新的分类学修订被独立成种。单型种，为留鸟。我国可见于青海、甘肃、四川、云南和西藏。

③尾羽在光线合适的情况下，显示出斑斓的颜色 / 青海 / 李思琪

xǐquè

喜鹊

- Oriental Magpie *Pica serica*

- 受胁等级：无危（LC）
- 学名词源：种名 *serica* 来源于拉丁语，意为丝绸、丝绸的。

L 38 ~ 48 厘米　　W 180 ~ 270 克

①东亚亚种的侧面观 / 辽宁沈阳 / 孙晓明
②成鸟飞行侧面观，注意腰背部颜色 / 上海浦东 / 薄顺奇
③衔取树枝作为枝巢材 / 北京 / 张瑜

形态

中型鸟类。躯体以黑白色为主，雌雄体羽相似，黑色部分具蓝色光泽，尤以尾部和次级飞羽为甚，肩部和下腹及两胁白色。腰部与背部黑色被白色羽分隔。虹膜黑褐色，喙黑色，脚黑色。

繁殖

繁殖期为3至6月，多营巢于高大乔木或建筑物上，每巢5至8枚卵，由雌鸟和雄鸟共同抚育后代。

分布

原本为欧亚喜鹊的普通亚种，根据最新的分类学修订被独立成种。现包含2个亚种：指名亚种 *P. s. serica* 和东亚亚种 *P. s. anderssoni*。2个亚种在国内均可见。其中指名亚种分布于除新疆、西藏外的全国各地；东亚亚种见于我国东北地区。有学者认为分布于中国西北戈壁和阿拉善荒漠的喜鹊有显著的鸣声差异，应独立为种，即阿拉善喜鹊 *P. alashanica*。

4

5

④集群围攻普通鵟 / 山东济宁 / 张乔勇

⑤顺光环境下，尾羽绿色，而飞羽蓝色 / 阿拉善左旗 / 魏虹

⑥在空中追打 / 北京 / 张瑜

⑦雌雄共同筑巢 / 张瑜 / 北京

⑧新窝建在旧窝之上，多年后就成了糖葫芦的样子（未必是同一对喜鹊，未必是连续年份） / 北京 / 张瑜

⑨捕捉普通雨燕雏鸟 / 北京 / 张瑜

⑩羽毛偏浅色变异的个体 / 秦皇岛 / 乔振忠

鉴别要点

在分布上，我国大部分地区可见喜鹊。东北和新疆等高纬度地区分布有欧亚喜鹊。青藏喜鹊则主要栖息在西南地区。其中，青藏喜鹊的体型最大，翅长可超过 23 厘米，其他 2 种的翅长均不及。欧亚喜鹊与喜鹊的体型差别不大。野外观察中，3 种喜鹊的主要区别特征在于飞行时腰部和背部的羽色。青藏喜鹊的腰部为黑色，背部与腰部的黑色相连，与其他 2 种较好区分；喜鹊的腰部与背部被窄条形的白色斑块相隔；而欧亚喜鹊的腰部和背部呈大片的白色斑。另外，欧亚喜鹊的初级飞羽白色区域较大，黑色缘不甚明显。

地鸦属 / *Podoces*

地鸦与传统认识的鸦科形象相距甚远。根据目前的化石记录，中国是地鸦属的演化中心。地鸦属鸟类均为留鸟，非常适应在干旱环境中生存。从中亚到蒙新高原的荒漠、半荒漠地区，狭域分布着 4 种地鸦，分别是波斯地鸦 *Podoces pleskei*、里海地鸦 *Podoces panderi*、黑尾地鸦和白尾地鸦，均无亚种分化。除黑尾地鸦与白尾地鸦的分布区有所重叠外，各种之间的分布并不连续。地鸦的雌雄形态均相近。它们演化出了有利于在特定环境中生存的形态，如浅褐色的体羽，长而稍下弯曲的喙，鼻孔覆盖浓密羽毛和善于奔跑的脚爪。地鸦属在我国可见 2 种，即黑尾地鸦和白尾地鸦，模式产地都在新疆南部，且白尾地鸦为中国特有鸟种。

hēiwěidìyā

黑尾地鸦

- Mongolian Ground Jay　*Podoces hendersoni*
- 受胁等级：无危（LC）
- 学名词源：属名*Podoces*来源于古希腊语，意为脚步快捷的，与地鸦属善于奔跑的习性相吻合。种名*hendersoni*是为了纪念英国探险家George Henderson。

L　28 ~ 31 厘米　　W　90 ~ 130 克

①侧面观 / 新疆 / 张岩

②用石头简单堆砌繁殖巢于地面，叼石块行为，可能正在筑巢 / 青海茶卡 / 杜卿

形态

体型较小，羽色以浅黄色为主。头顶至枕后黑色，具蓝色光泽，两翼蓝黑色，初级飞羽白色，具黑色翼尖而形成大块白斑。腹部末端至尾下羽色偏白，尾蓝黑色。似白尾地鸦但尾蓝黑色且颊和喉黄白色。虹膜黑褐色，喙黑色，脚黑色。

习性

主要栖息于荒漠和戈壁环境，通常单独或成对活动，冬季偶见 4 只以上的小群。善奔跑，极少飞行，若飞行通常距离也较短。黑尾地鸦为杂食性鸟类，捕食小型的无脊椎动物和脊椎动物，如蝗虫、蚂蚁、沙蜥和麻蜥，也取食植物的碎片和种子等。善以长而下弯的喙在地面啄食。根据多年野外观察，黑尾地鸦似乎更偏好在栖息地中的平坦公路上休息和奔跑，低温时节更为明显。在甘肃省肃北的祁连山区域，黑尾地鸦在寒冬中集成小群，一日三次造访蒙古族牧民的聚居地，进入羊圈、来到房前屋后，取食人类丢弃的食物，不甚惧人。肃北蒙古族称其为“胡伦较绕”，意为跑步者，竟和属名有相近的含义，可见地面奔跑的行为让人印象深刻。黑尾地鸦在繁殖期更倾向于肉食。

③在蒙古人帐篷外的盆里找食物 / 甘肃肃北 / 巫嘉伟

繁殖

繁殖期为每年的 4 至 5 月，一窝有 3 至 4 枚卵，巢位于低矮的灌丛中。雌鸟和雄鸟同时照顾幼鸟，雄鸟负责育雏，雌鸟负责觅食和喂养幼鸟，甚至有喂食雄鸟的记录。

分布

单型种，为中亚特有种，分布于中国、蒙古和哈萨克斯坦的干旱地区。我国为其主要栖息地，见于甘肃北部、青海北部、宁夏、内蒙古西部和新疆。在新疆，黑尾地鸦栖息于四成的县区，每百平方千米有 5 至 8 只。黑尾地鸦已被列为国家二级重点保护野生动物。

④青海湖附近的一对黑尾地鸦 / 青海 / 巫嘉伟

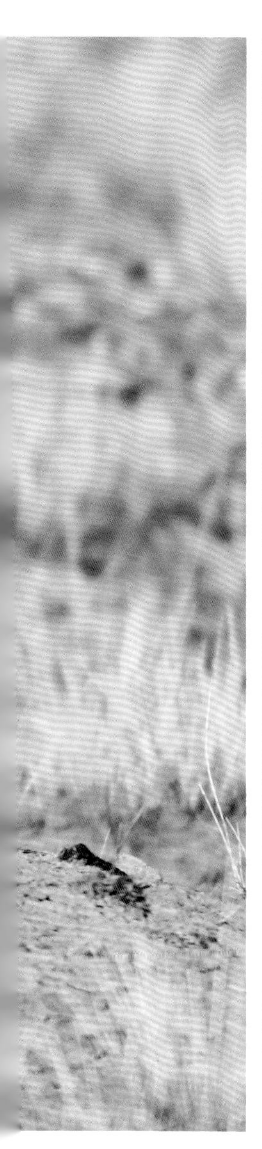

⑤亚成鸟-2009年8月 / 内蒙古阿拉善 / 王志芳

⑥背面观 / 甘肃肃北 / 巫嘉伟

①非繁殖羽侧面观 / 新疆 / 张岩

形态

体型较小，全身黄褐色。头顶至枕后具蓝黑色冠羽，下颊和喉黑色，两翼蓝黑色，次级飞羽具白色羽缘，初级飞羽白色且具黑色翼尖。尾白色，中央尾羽具黑色羽轴。白尾地鸦的尾羽为白色，颊部与喉部为黑色，与黑尾地鸦有所区别。虹膜黑褐色，喙黑色，较长而略向下弯曲。脚黑色。

习性

分布在荒漠干旱的环境中，偏好有地下水和植被相对较好的野外环境。通常单只或成对活动，主要出现于有稀疏植被分布的松软沙地上。擅长奔跑，当地维吾尔族同胞称它“克里尧丐”，意为“奔跑如飞”。捕食小型的无脊椎动物和脊椎动物，如甲虫和蜥蜴，有时也取食植物的果实种子。

白尾地鸦有贮食行为，这是在恶劣环境中生存的重要策略。曾有研究者将新疆传统面食“馕”掰碎后，洒在路边，机敏的白尾地鸦很快发现了食物并开始搬运，它们似乎不急着填饱肚子，而是寻找地点埋藏起来，在最短的时间清理干净现场，不给其他动物和风沙留下机会。近年来，在停车场或者临时住所附近亦有发现白尾地鸦，可能与前来获取食物有关。

繁殖

繁殖期为3至4月，通常将巢穴安置在不易被发现的灌木林中。每巢3至5枚卵。幼鸟在每年6至8月出巢，此时白尾地鸦会出现3到5只一起活动的场景。

②非繁殖羽背面观 / 新疆轮台塔克拉玛干 / 唐军

分布

单型种，也可称作新疆地鸦，俗称沙鹊。白尾地鸦主要分布在中国新疆南部的塔里木盆地塔克拉玛干沙漠。甘肃省的相关记录可追溯至19世纪。根据观察，在甘肃的酒泉市敦煌和肃北等地，白尾地鸦和黑尾地鸦对不同的栖息地植被类型有各自的偏好，两者大致以海拔2000米为界，白尾地鸦生存环境海拔更低。白尾地鸦的种群数量不足7000只，作为中国特有种和主要分布于新疆的鸦科鸟类，亟待加强保护力度。白尾地鸦已被列为国家二级重点保护野生动物。

③藏食行为 / 新疆 / 陈丽

④繁殖羽色，性别不易分辨 / 新疆 / 陈丽

星鸦属 / *Nucifraga*

星鸦属全部分布于北半球，现生有3个种，即北美星鸦*Nucifraga columbiana*、星鸦*Nucifraga caryocatactes*和大斑星鸦*Nucifraga multipunctata*。北美星鸦分布于北美洲的加拿大和美国。星鸦属中，星鸦分布最为广泛，从西边的斯堪的纳维亚半岛到东边俄罗斯远东地区的白令海峡均有发现。星鸦属有着不错的空间记忆能力，尤其以贮藏食物而闻名。它们可以在1个季节中收集上万颗种子，分散贮藏在不同地点，食物缺乏时再凭借记忆力找到大部分贮藏物并获取食用。星鸦属3种中，我国确切记录有1种，为星鸦。另外，大斑星鸦曾是星鸦的1个亚种，主要分布于喜马拉雅山南麓，曾有文献记载其分布于我国新疆西南部和西藏阿里地区西部，但目前这些区域尚无确切标本或影像，有待进一步的发现和证明。

xīngyā
星鸦

- Spotted Nutcracker
  Nucifraga caryocatactes

- 受胁等级：无危（LC）
- 学名词源：属名*Nucifraga*来源于德语“Nussbrecher”（意为坚果破坏者）的拉丁语转换。种名*caryocatactes*来源于古希腊语，同样意为坚果破坏者。

L 30 ~ 38厘米　　W 130 ~ 200克

①东北亚种侧面观 / 辽宁沈阳 / 孙晓明

②西南亚种的亚成鸟腹面观 / 四川泸定 / 巫嘉伟

形态

雌雄同色，全身主色调为暗褐色，头侧至后枕偏黑。颈侧和上腹长有白色点斑，尤以腹部、颈后白色为多，腹下及尾下覆羽亦为醒目的白色。仰观飞行时，张开的两侧白色尾羽非常醒目。虹膜黑褐色，喙黑色，脚黑色。

习性

留鸟，通常单独或成对栖息于山地针叶林和针阔混交林中，以裸子植物的种子为食，也会取食浆果和捕捉昆虫。在繁殖期，其对昆虫等动物蛋白来源的需求会上升。在秋季，

③西南亚种飞行背面观，尾羽两侧的白斑非常醒目 / 云南大理 / 董江天
④西南亚种飞行腹面观 / 云南 / 田穗兴

星鸦有明显的储藏坚果类食物的行为，会先将种子收集在舌下囊中，一次可存放数十颗，再将种子分散贮藏在树洞或树根下，一个贮藏点可埋下数颗种子。红松等植物的种子丰收季，可以观察到星鸦对种子有明显的选择倾向。冬季，星鸦在树根处和树洞中挖寻食物，其间也可能发现其他个体埋藏的种子。

繁殖

每年的4至7月为繁殖期，每巢3至5枚卵，由雌鸟和雄鸟共同抚育后代。

分布

广泛分布于欧亚大陆，被分为8个亚种。其中我国可见6个亚种，分别为东北亚种 *N. c. macrorhynchos*、华北亚种 *N. c. interdicta*、新疆亚种 *N. c. rothschildi*、西藏亚种 *N. c. hemispila*、西南亚种 *N. c. macella* 和台湾亚种 *N. c. owstoni*。其中东北亚种在我国分布于内蒙古、新疆，以及东北和华北各地，羽色偏赭褐色，上体的白斑达到腰部和下腹；新疆亚种在我国仅可见于新疆，形态似东北亚种，但是羽毛更偏暗，近乎黑色；华北亚种分布于辽宁、北京、河北、山东和河南，羽色淡，胸部白斑小且密集；西藏亚种在我国分布于西藏东南部，羽色淡，腹部和两胁具有大而密集的白斑；西南亚种分布于陕西、宁夏南部，甘肃西部和南部，湖北西部，四川西部和云南，羽毛暗棕色，胸部的白斑小且稀疏；台湾亚种仅见于台湾，羽色淡，下体白斑较小甚至无。也有学者根据腹部白斑大小和下腹部有无斑点将中国的星鸦分为南北分布的2个不同物种。

⑤台湾亚种侧面观 / 台湾 / 董江天

⑥新疆亚种腹面观 / 新疆喀纳斯 / 王昌大

⑦西南亚种幼鸟，羽毛多浅黄褐色 / 四川荥经 / 宋心强

⑧成鸟喂食幼鸟 / 云南昆明 / 韦铭

山鸦属 / *Pyrrhocorax*

山鸦属鸟类在全世界有 2 种，为红嘴山鸦 *Pyrrhocorax pyrrhocorax* 和黄嘴山鸦 *Pyrrhocorax graculus*，中国均有发现。细长而略向下弯曲的喙部是明显的识别特征。其中，红嘴山鸦广泛分布于欧亚大陆和北非，黄嘴山鸦主要分布于中国及中亚一带。

hóngzuǐshānyā

红嘴山鸦

- Red-billed Chough　*Pyrrhocorax pyrrhocorax*
- 受胁等级：无危（LC）
- 学名词源：属名*Pyrrhocorax*可能来源于拉丁语，意为山鸦。还有可能为古希腊语，由“*purrhos*”和“*korax*”两个词组合而成；前者意为红色，后者意为乌鸦。种名与属名相同。

L　36～48 厘米　　W　210～490 克

中型鸟类。雌雄同色，浑身黑色且具有金属光泽。鲜红的喙，细而下弯。虹膜褐色，脚红色。

留鸟，栖息于丘陵、山地、草场、裸岩、荒漠、草甸等多种开阔环境，有时候也见于田野、村落、城市公园等人工环境，海拔跨度适应性较高。红嘴山鸦通常成对或者集大群活动，在地面觅食，有时与其他鸦科鸟类混群，活动时发出“啾啾”的叫声。红嘴山鸦的食性较杂，以动物性食物为主，包括小型的无脊椎动物和脊椎动物，同时也会食用植物果实和种子。

繁殖

繁殖期为 4 至 7 月，营巢于悬崖峭壁的岩石缝隙中或者高大建筑的屋檐下。每巢 3 至 6 枚卵。红嘴山鸦为一夫一妻制，雌鸟和雄鸟共同抚育后代。

分布

有 8 个亚种，我国可见 3 个亚种，即青藏亚种 *P. p. himalayanus*、北方亚种 *P. p. brachypus* 和疆西亚种 *P. p. centralis*。其中，青藏亚种分布于新疆南部、甘肃、青海、四川、西藏和云南西北部，北方亚种则广泛分布于中国东北、华北、西北各省份，如辽宁、北京、河北、山东、河南、山西、陕西、内蒙古、宁夏、甘肃、新疆；以上 2 个亚种的上体呈蓝紫色光泽，雄性的喙较厚。疆西亚种主要在新疆西部，上体泛深绿色光泽，雄鸟的喙普遍较薄。

①幼鸟，短而粗的喙-7月 / 青海 / 董江天

②喙生长过长个体，形成交嘴的畸形 / 陈丽

③青藏亚种侧面观 / 云南丽江 / 董江天

④北方亚种 / 新疆阿勒泰 / 张国强

⑤青藏亚种飞行背面观 / 四川稻城 / 薄顺奇

⑥幼鸟向成鸟乞食 / 甘肃甘南 / 许明岗

huángzuǐshānyā
黄嘴山鸦

- Alpine Chough
  Pyrrhocorax graculus
- 受胁等级：无危（LC）
- 学名词源：种名 *graculus* 来源于拉丁语，意为不明确的鸟。

L 38 ~ 42 厘米　　W 165 ~ 290 克

形态

中型鸟类。雌雄同色，全身黑色且泛金属光泽。黄嘴山鸦与红嘴山鸦外形相似，但黄嘴山鸦喙部为黄色且较红嘴山鸦的喙显得粗短，尾部较长，停栖时尾端明显超出翼尖。虹膜黑褐色，喙黄色，脚橘红色。

①侧面观 / 西藏 / 董磊

留鸟，栖息环境也与红嘴山鸦相似，但海拔多比红嘴山鸦更高，可在海拔超过 6000 米的山口活动。黄嘴山鸦通常集群活动，有时与红嘴山鸦或其他鸦科鸟类混群，叫声也为“啾啾”声，但比红嘴山鸦声调更高，更尖利。黄嘴山鸦为杂食性鸟类，主要以小型的无脊椎动物和脊椎动物为食，也会食用植物果实及种子。

繁殖期为每年的 4 至 6 月，营巢地点选择在悬崖的岩石缝隙中。每巢 3 至 4 枚卵。

共有 3 个亚种，我国可见 1 个亚种，为普通亚种 *P. g. digitatus*，分布于内蒙古、宁夏、甘肃、新疆、青海、西藏、四川和云南西北部。

②飞行姿态 / 青海 / 巫嘉伟

寒鸦属 / *Coloeus*

寒鸦属共有 2 种，为寒鸦 *Coloeus monedula* 和达乌里寒鸦 *Coloeus dauuricus*。此前这些物种隶属于鸦属，现在独立成属。寒鸦属为中小型鸟类，外形上与鸦属相似，区分在于部分寒鸦属体型较小，羽毛不完全为黑色，有淡白色或灰白色的羽色。我国寒鸦属 2 种均可见。

hányā
寒鸦

- Eurasian Jackdaw　*Coloeus monedula*

- 受胁等级：无危（LC）
- 学名词源：属名*Coloeus*来源于古希腊语，意为寒鸦。种名*monedula*来源于拉丁语，同样意为寒鸦。

L　31～34 厘米　　W　140～230 克

①头部特写，注意淡蓝色的眼 / 新疆阿勒泰 / 张国强

形态

中小型鸟类。体羽主要为黑色，头、两翼和尾具金属光泽，枕后及颈部具灰白色，后颈白色更明显，且形成半颈环。虹膜浅蓝色，喙粗短而黑色，脚黑色。成年寒鸦与达乌里寒鸦的幼鸟外形相似，但达乌里寒鸦的虹膜为深色。

习性

通常于中低山区、丘陵和平原地带活动，非繁殖期多集群在林缘、田野、村落觅食。有时也与其他鸦类混群，叫声单调而嘈杂。寒鸦为杂食性鸟类，食物包括小型的无脊椎动物和脊椎动物，甚至动物尸体，另外还有植物的果实和种子，也会取食人类丢弃的生活垃圾。寒鸦被观察到，无论是否具有亲缘关系，都会主动喂食同类，但也有些个体喜欢寻找和抢夺同类的食物。

繁殖

繁殖期为 4 至 6 月，严格的一夫一妻制，雌鸟和雄鸟共同抚育后代。营巢于树上或岩石缝隙中。雌鸟负责孵卵，期间雄鸟会觅食喂养雌鸟。雌鸟和雄鸟共同喂养雏鸟。拥有简单的逻辑智力能力，可判断事物的先后顺序等。

分布

全球的寒鸦共有 4 个亚种，广泛分布于欧洲至西亚地区。我国可见 1 个亚种，为普通亚种 *C. m. soemmerringii*，分布于新疆西部和西藏西南部，其中新疆西部为夏候鸟，西藏西南部为冬候鸟，北京有迷鸟记录。

②成鸟侧面观 / 新疆塔城 / 李思琪

③集群休息，展现腹面观 / 新疆阿勒泰 / 张国强

dáwūlǐhányā

达乌里寒鸦

- Daurian Jackdaw *Coloeus dauuricus*
- 受胁等级：无危（LC）
- 学名词源：种名*dauuricus*来源于“Dauria”，音译为达乌里或达斡尔，是外贝加尔的别称，因历史上定居在此的一支蒙古部落而得名。

L 30～35 厘米　　W 190～290 克

①侧面观 / 四川甘孜 / 董磊

②亚成鸟羽色-12月 / 河南郑州 / 杜卿

形态

中小型鸟类。主体羽色为黑白两色，眼后部具白色纵纹，枕后和颈背的白色沿颈侧至下胸和腹部，其余体羽黑色而具光泽。幼鸟的白色部分羽毛不明显。虹膜深褐色，喙黑色，脚黑色。

习性

主要栖息于山地、丘陵、平原和农田等生态环境中，多见于较为开阔的地带，分布海拔可达 3500 米以上。通常成群体活动，数量可上万只，有时与其他鸦科鸟类混群，会发出尖利而短促的“嘎嘎”叫声，比寒鸦声调更高。杂食性鸟类，主要以小型的无脊椎动物和脊椎动物为食，也取食植物果实和种子、鸟卵和动物尸体。

繁殖

繁殖期为 4 至 6 月，营巢于悬崖缝隙或高大建筑物上，每巢 5 至 6 枚卵。

分布

单型种，无亚种分化。除海南外，达乌里寒鸦在全国均有分布报道。在大部分地区为留鸟，台湾有迷鸟记录。

③成鸟（左）与幼鸟（右）在一起 / 内蒙古鄂尔多斯 / 王志芳

鸦属 / *Corvus*

鸦属鸟类分布十分广泛，除南美洲和南极洲以外，几乎可见于各种环境中。鸦属全球有 45 个已知物种，约占鸦科总物种数的 1/3。根据研究报告，鸦属鸟类最早起源于澳大利亚，并蔓延至亚洲、欧洲、非洲和北美洲。鸦科鸦属鸟类是动物认知领域研究的热门物种，拥有较大的相对脑容量，被称作“鸟类中最智慧的大脑”，对环境适应性较强，会使用工具，甚至能够理解一些简单的概念。鸦属在中国记录有 8 种，分别为秃鼻乌鸦、小嘴乌鸦、白颈鸦、大嘴乌鸦、渡鸦、冠小嘴乌鸦、家鸦 *Corvus splendens* 和丛林鸦 *Corvus levaillantii*，后 3 种的全球主要种群不在国内，属边缘分布物种。

jiāyā
家鸦

- House Crow
  Corvus splendens

- 受胁等级：无危（LC）
- 学名词源：属名 *Corvus* 来源于拉丁语，意为乌鸦。种名 *splendens* 来源于拉丁语，意为光彩闪耀的。

L 38 ~ 42 厘米　　W 250 ~ 310 克

①腹面观 / 西藏樟木 / 王昌大

形态

中型鸟类。通体黑色，羽色具深紫色光泽。头顶部至背部，胸腹部为浅褐色。虹膜深褐色，喙黑色，脚黑色。

习性

一般情况下，家鸦作为当地留鸟，与人类生活密切，通常栖息在人类聚集地，如丘陵和平原的城镇、社区和农田。常单独或小群聚集，发出单调的“咔咔”叫声，多在地面觅食。家鸦为杂食性，是典型的机会主义者，会取食任何能够获得的目标，包括小型动物、植物果实种子、动物尸体以及人类丢弃的生活垃圾。家鸦也会抢夺其他鸟类的食物。

②家鸦与青藏喜鹊齐飞 / 西藏日喀则 / 李思琪

繁殖

因栖息地和海拔气候环境不同，家鸦的繁殖期多为每年 4 至 7 月，每巢 3 至 5 枚卵，雌鸟和雄鸟共同抚育后代。

分布

家鸦主要分布在南亚、西亚和东南亚地区，但随着人类的活动，家鸦已经在欧洲、非洲和美洲出现，在一些地方甚至成为外来入侵物种。目前，全球共有 5 个亚种，我国可见 1 个亚种，即西南亚种 *C. s. insolens*。该亚种在我国云南西南部和西藏南部边缘分布，昆明和台湾曾有迷鸟记录。近些年，家鸦在香港已经有归化种群，而澳门和浙江宁波等地也有发现，推测可能由航船带入。

tūbíwūyā

秃鼻乌鸦

- Rook *Corvus frugilegus*
- 受胁等级：无危（LC）
- 学名词源：种名 *frugilegus* 来源于拉丁语，由“*frux*（或 *frugis*）”和“*legere*”组合而来。前者意为水果，后者意为摘取、挑选。

L 41～51 厘米　　W 390～500 克

形态

中大型鸟类。通体黑色具金属光泽。最典型的特征为细长喙的基部裸露，呈灰白色。虹膜黑褐色，脚黑色。幼鸟与成鸟形态类似，但喙基被羽毛，且鼻孔也有覆毛。

习性

通常栖息于海拔较低的地方，例如低山、丘陵、平原、农田和荒地。秃鼻乌鸦是高度群居性的鸟类，有时与其他鸟类如寒鸦、椋鸟类等有混群。据观察，秃鼻乌鸦有南北迁徙的习性，在中国中部和东部有大群的越冬记录。湖北省武汉市的城郊湿

①指名亚种侧面观，眼先和喙明显裸露 / 新疆富蕴 / 吴世普

地，每年均有大量集群栖息，单次数量甚至达到3000只。2020年冬季，在浙江省湖州市，记录了超过700只秃鼻乌鸦个体集群活动，其中还有约100只白颈鸦和数只达乌里寒鸦，距离此集群约40千米处还有另一群超过500只的秃鼻乌鸦群，鸦群在农田上空飞舞，形成巨大的球形。秃鼻乌鸦觅食主要在地面进行，寻找小型昆虫、植物的果实种子等，有时用喙戳进地里取食。除此之外，秃鼻乌鸦偶尔也会捕食其他鸟类的卵或幼鸟，甚至是尸体。在一些城市中，秃鼻乌鸦也会选择人类的生活垃圾为食。

繁殖

每年的3至7月为秃鼻乌鸦的繁殖期，雌鸟和雄鸟会共同在低矮的树或灌木甚至一些人类建筑上筑巢。每巢3至5枚卵，秃鼻乌鸦会共同繁衍后代。作为一夫一妻制的鸟类，雌鸟负责孵卵，雄鸟负责喂食。秃鼻乌鸦具有一定的智慧，虽然在野外没有被观察到用工具，但是在实验室的测试中，其表现出对使用工具获得食物的熟练度。

分布

秃鼻乌鸦有2个亚种，指名亚种 *C. f. frugilegus* 和普通亚种 *C. f. pastinator*，广泛分布于古北界。2个亚种在我国均可见。其中指名亚种分布于我国新疆西部，眼先和喙均裸露，头顶有蓝色光泽；普通亚种在全国大部分地区可见，包括东北、西北、华北、华中、华南、西南地区以及海南岛和台湾岛，眼先和喙被有羽毛，浑身羽色不具明显光泽。我国北部的秃鼻乌鸦为留鸟，在西南地区及东部丘陵地区为旅鸟，福建、台湾一带为冬候鸟。

②普通亚种的幼鸟 / 上海崇明 / 薄顺奇

③指名亚种背面观 / 新疆 / 夏咏

xiǎozuǐwūyā

小嘴乌鸦

- Carrion Crow *Corvus corone*
- **受胁等级：**无危（LC）
- **学名词源：**种名 *corone* 来源于古希腊语，意为乌鸦。

L 43～53 厘米 W 360～650 克

①亚成鸟侧面观 / 新疆 / 夏咏
②小嘴乌鸦攻击鹗 / 新疆莎车东方红水库 / 陈丽
③成鸟侧面观 / 四川新龙 / 巫嘉伟

形态

中大型鸟类。纯黑色而泛蓝色光泽，前额较平，喙峰黑且较直。虹膜黑褐色，脚黑色。

习性

栖息生境较为多样，见于农田、园林、果园、疏林、荒野和城市。在一些城市中，小嘴乌鸦逐渐适应了城市生活，数量逐年上升。食物来源较为复杂，除了小型的无脊椎动物和脊椎动物外，还取食植物的果实和种子等，也会捕食其他鸟类巢中的卵以及动物尸体，城市垃圾；生活在湿地边的小嘴乌鸦还会捕食淡水或者海岸的贝类和蟹类，展现出和取食有关的有趣行为，如贮藏贻贝、悬挂取食等。

繁殖

繁殖期为每年的4至6月，巢穴选址会选择在高树、悬崖和建筑物，很多个体仍会利用旧巢。小嘴乌鸦为一夫一妻制，共同抚育后代。每巢4至6枚卵，雌鸟负责孵卵而雄鸟负责喂养。通常经验丰富的成鸟喂养的后代成活率更高。

分布

有2个亚种，我国可见1个亚种，为普通亚种*C. c. orientalis*，除西藏、广西、贵州、重庆、江苏、安徽和澳门外，分布于全国，在大部分地区为留鸟。

guànxiǎozuǐwūyā

冠小嘴乌鸦

Hooded Crow　*Corvus cornix*

受胁等级：未认可（NR）

学名词源：种名来源于拉丁语，与 *corvus* 含义相同，意为乌鸦。

L　43～53厘米　　W　360～650克

①侧面观 / 新疆 / 夏咏

形态

中大型鸟类。与小嘴乌鸦相似，但除头部、上胸、两翼及尾部为黑色，其余为灰白色，较白颈鸦的白斑面积更大。虹膜黑褐色，喙黑色，脚黑色。

习性

习性与小嘴乌鸦相似，栖息的生境多样化，多见于旷野、农田和疏林环境。冠小嘴乌鸦为杂食性，食物包括昆虫、小型脊椎动物、植物果实、种子等。

分布

原被认为是小嘴乌鸦的 1 个亚种，近些年被一些学者单独划分成种，在欧洲存在与小嘴乌鸦杂交的区域。冠小嘴乌鸦有 4 个亚种，我国仅可见 1 个亚种，即新疆亚种 *C. c. sharpii*，仅分布于我国新疆西部，为冬候鸟，繁殖于欧洲和西亚，北京有迷鸟记录。

②飞行侧面观 / 新疆 / 夏咏

báijǐngyā
白颈鸦

- Collared Crow
  Corvus torquatus
- **受胁等级：** 易危（VU）
- **学名词源：** 种名 *torquatus* 来源于拉丁语，意为具领圈的。该词描述了白颈鸦的外部形态特征。

L 42～54 厘米　　W 385～700 克

形态

体型较大。枕部至颈部具白色条带，向下延伸至胸部，形成一个白色环圈，其余为黑色。虹膜暗褐色，喙黑色，脚黑色。

习性

栖息于山地、丘陵、平原等地带，多见于河边开阔地和林地。2020 年 8 月，浙江省温州市，有一条超过 100 只个体集群活动的记录。除繁殖期外，白颈鸦通常单独或

①成鸟侧面观 / 河南信阳 / 杜卿

10 只以内活动，有时与其他鸦属鸟类如大嘴乌鸦、秃鼻乌鸦等混群。有些个体具攻击性，会驱赶在其活动领地之内的动物，甚至包括人。白颈鸦为杂食性，食物包括了各种小型的无脊椎动物和脊椎动物、鸟卵、植物的果实、种子，甚至还包括动物尸体和腐肉。

繁殖

繁殖期为每年的 3 至 6 月，每窝 3 至 4 枚卵。

分布

单型种，主要分布于中国境内，少数种群见于越南北部。国内除东北地区、新疆和西藏等外，均有分布。除台湾的记录外，其他地区均为留鸟。

②第一年换羽中 / 陕西佛坪 / 巫嘉伟

③飞行腹面观 / 安徽升金湖 / 薄顺奇

④正面观 / 四川绵阳 / 王昌大

⑤背面观 / 四川绵阳 / 王昌大

dàzuǐwūyā
大嘴乌鸦

- Large-billed Crow *Corvus macrorhynchos*
- 受胁等级：无危（LC）
- 学名词源：种名 *macrorhynchos* 来源于古希腊语，意为具有较大喙部的。

L 45～54 厘米　　W 415～675 克

①普通亚种侧面观 / 河南济源 / 杜卿

②东北亚种背面观 / 北京 / 林昇

③青藏亚种和高山兀鹫分食牦牛尸体 / 青海囊谦 / 巫嘉伟

形态 大型鸟类。通体羽毛黑色，具蓝色光泽。喙大而厚，前额羽毛蓬起，尾呈圆凸形。虹膜褐色，喙黑色，脚黑色。

习性 留鸟，通常栖息在山地、丘陵、平原的阔叶林、针阔混交林和针叶林中，对次生林和人工林也有较强的适应性。多成对或小群集群，有时与其他鸦科鸟类混群。大嘴乌鸦为杂食性，食物来源复杂，包括了各种小型的无脊椎动物和脊椎动物、植物的果实和种子，以及动物尸体和城市生活垃圾。

繁殖 每年的3月至6月为繁殖期，选择较高的树营巢，通常产4枚卵左右。大嘴乌鸦为一夫一妻制，雌鸟和雄鸟共同抚育后代。大嘴乌鸦具有较为复杂的社会行为。一些实验表明，

大嘴乌鸦可以通过声音识别同类的不同个体，还具有一定的智力，能够识别形状，对简单的数量也有概念，甚至可以识别人类的脸并判断性别。

分布

共有9个亚种，广泛分布于东亚、南亚及东南亚，我国可见4个亚种，分别为东北亚种 *C. m. mandshuricus*、普通亚种 *C. m. colonorum*、青藏亚种 *C. m. tibetosinensis* 和西藏亚种 *C. m. intermedius*。其中东北亚种分布于黑龙江、吉林、辽宁、河北和内蒙古北部，普通亚种见于除东北、新疆和西藏外的几乎所有省区，青藏亚种分布于西藏东南部、青海东部、云南西部和四川西部及北部。以上3个亚种的下体羽毛具不同程度绿色反光；西藏亚种分布于新疆西南部和西藏南部与西部，嘴相对更细长，下体反光近蓝色。

cónglínyā
从林鸦

- Jungle Crow *Corvus levaillantii*
- 受胁等级：未认可（NR）
- 学名词源：种名 *levaillantii* 是为了纪念法国探险家和收藏家 François Levaillant。

L 42～54 厘米 W 385～700 克

形态 中大型鸟类。喙粗厚且前额拱起，甚似大嘴乌鸦，但体型相对更小，喙更短，且尾部呈方形。虹膜黑褐色，喙黑色，脚黑色。

习性 栖息在山地森林环境中，对次生林和人工林有一定的适应性。多成对或小群集群。丛林鸦为杂食性，食物来源复杂，包括各种小型的无脊椎和脊椎动物、植物的果实和种子，也包括动物尸体。

分布 曾被认为是大嘴乌鸦缅泰亚种，最近修订为一个独立种。单型种，分布于青藏高原及喜马拉雅山南麓，以及中南半岛和马来半岛北部，在我国仅见于西藏东南部，为留鸟。

①侧面观 / 西藏林芝南部 / 李锦昌

②成对活动 / 西藏亚东 / 董磊

鉴别要点

丛林鸦作为从大嘴乌鸦中独立出来的物种，外形上与大嘴乌鸦非常相似，在野外很难区分。不过在分布上二者基本不重叠，在国内，丛林鸦仅分布于西藏东南部，而大嘴乌鸦几乎分布于全国各地。外形上，丛林鸦的喙部较大嘴乌鸦的稍短，尾端更方平，体型更小。

③丛林鸦集群水浴 / 缅甸北部 / 董文晓

dùyā
渡鸦

①东北亚种飞行腹面观 / 夏咏

- Common Raven *Corvus corax*
- 受胁等级：无危（LC）
- 学名词源：种名 *corax* 来源于古希腊语，意为乌鸦。

L 61～71 厘米 W 600～1450 克

②侧面观-2014年8月 / 青海 / 董江天

形态

为世界上最大的乌鸦之一，体长可达 70 厘米。通体黑色，具紫蓝色光泽，尤以双翅更显著。喉及上胸羽毛长且硬，呈披针形。尾呈楔形。喙黑色，鼻须长且发达，几乎盖住上嘴一半。虹膜色深，脚黑色。

习性

栖息于各种生态环境中，包括山地、丘陵、林地、高山、平原、荒漠等，海拔跨度大。通常在地面活动。成年渡鸦会单独或成对以及小群活动，每对伴侣有家族领地；亚成鸟及未交配的成鸟会成大群活动，并且共享空间。渡鸦寿命一般为 10 至 15 年，曾经有生存 40 年的记录。渡鸦为杂食性，除了昆虫和小型脊椎动物、植物的果实种子，不同地区的渡鸦还会有不同的捕食目标，如极地的渡鸦会捕食鳕鱼。渡鸦还是很多小型鸟类的幼鸟和卵的取食者，也会食用动物尸体。

繁殖

繁殖期为每年的 3 至 6 月，通常在树木上营巢，也会在人类建筑上营巢，甚至有在路标指示牌上营巢的记录。每巢 3 至 7 枚卵，由雌鸟雄鸟共同抚育后代。在繁殖期，渡鸦具有非常强的领地意识，会攻击任何靠近巢穴的目标。渡鸦还具有一定的智力，可以观察并解决一些简单的问题。在城市生活的渡鸦不仅知晓人类的生活垃圾可以食用，还能通过观察人类的活动判断是否可以获取食物。

分布

分布非常广泛，几乎遍及整个北半球。共有 11 个亚种，其中我国可见 2 个亚种，分别为东北亚种 *C. c. kamtschaticus* 和青藏亚种 *C. c. tibetanus*。其中东北亚种分布于我国纬度较高的东北和西北地区，包括黑龙江、内蒙古、甘肃、新疆和青海；青藏亚种分布于内蒙古西部，甘肃、新疆、西藏南部，青海东部和四川西部。研究发现，广泛分布的渡鸦至少有 2 个支系，分化时间在 200 万年以上。其中，北美支系分化成为了另一个鸦属物种白颈渡鸦 *Corvus cryptoleucus*。

③取食鲤鱼 / 云南丽江 / 董江天

④青藏亚种飞行侧面观 / 四川若尔盖 / 巫嘉伟

⑤青藏亚种侧面观 / 四川若尔盖 / 董磊

顾昌栋，崔贵海，1965. 天津市郊秃鼻乌鸦的生态观察 [J]. 动物学杂志 (4) : 157-160.

郭东龙，周梅素，贾丽萍，1992. 太原南效区寒鸦冬季种群动态及食性分析 [J]. 山西农业大学学报，12 (4) : 291-295.

韩艳良，郭延蜀，宁继祖，等，2008. 红嘴山鸦青藏亚种鸣声的初步探讨 [J]. 四川动物，27 (3): 367-370, 377.

何芬奇，江村雄，2015. 台湾蓝鹊 [J]. 人与生物圈 (5) : 126.

侯建华，胡永富，解国峰，等，1995. 寒鸦繁殖生态的研究 [J]. 野生动物 (5) : 10-13.

胡箭，2006. 灰喜鹊生态学研究进展 [J]. 林业调查规划 (5) : 57-60.

江村雄，2016. *Urocissa caerulea* 台湾蓝鹊 (长尾山娘) [J]. 照相机 (3) : 57-58.

蒋文亮，张红，李渊源，等，2013. 红嘴蓝鹊繁殖习性与食性的观察 [J]. 吉林农业 (10) : 86-87.

经宇，孙悦华，2000. 噪鸦属 *Perisoreus* 鸟类的分布及研究现状 . 中国鸟类学研究 —— 第四届海峡两岸鸟类学术研讨会文集 [C]. 北京：中国林业出版社 .

经宇，孙悦华，方昀，2003. 黑头噪鸦的繁殖及生活史特征 [J]. 动物学杂志 (3) : 91-92.

李彤，郑振河，1990. 松鸦幼雏的发育 [J]. 野生动物 (3) : 22-23.

刘焕金，高尚文，1987. 红嘴山鸦的数量动态 [J]. 四川动物，6 (3) : 16-18.

卢汰春，2011. 翠翼朱喙、光彩照人的台湾蓝鹊 [J]. 大自然 (4): 30-31.

鲁长虎，2002. 星鸦的贮食行为及其对红松种子的传播作用 [J]. 动物学报，48 (3): 317-321.

马敬能，菲利普斯，何芬奇，2000. 中国鸟类野外手册 [M]. 长沙：湖南教育出版社 .

邱富才，谢德环，温毅，1998. 芦芽山自然保护区红嘴山鸦的种群结构及食物组成 [J]. 四川动物，17 (3) : 118-119.

曲金柱，邹祺，李学德，2005. 郑州城区鸦科 Corvidae 混群鸟冬季大集群栖宿与环境 [J]. 信阳师范学院学报 (自然科学版) (3) : 304-306.

史荣耀，李茂义，秦军，等，2007. 灰喜鹊繁殖习性的初步观察 [J]. 四川动物 (1) : 165-166.
童玉平，徐峰，李欣芸，2018. 白尾地鸦的巢址选择 [J]. 动物学杂志 (5): 790-796.
王述潮，马鸣，赵序茅，等，2017. 活跃在沙漠边缘的地鸦 [J]. 森林与人类 (4) : 76-81.
王巍，马克平，1999. 岩松鼠和松鸦对辽东栎坚果的捕食和传播 [J]. 植物学报 (10) : 1142-1144.
殷守敬，徐峰，马鸣，2005. 我国西部珍稀濒危物种 —— 白尾地鸦 [J]. 四川动物 (1): 72-74.
于学伟，王福云，江志，等，2014. 红嘴蓝鹊的巢址选择 [J]. 野生动物学报，35 (4) : 440-444.
赵正阶，2001. 中国鸟类志 [M]. 长春：吉林科学技术出版社 .
郑作新，李永新，周开亚，1957. 北京城郊秃鼻乌鸦冬季生活的初步观察 [J]. 动物学杂志 (4) : 226-230.
周立志，2002. 松鸦的繁殖生态 [J]. 动物学杂志 (5): 66-69.
DASHNYAM B, DELGERZAYA D, GANKHUYAG P -O, et al., 2020. Nesting Behavior of the Mongolian Ground Jay (*Podoces hendersoni*) in the Gobi Desert of Southern Mongolia[J]. Mongolian Journal of Biological Sciences, 18: 41-46.
EGGERS S, GRIESSER M, EKMAN J, 2005. Predator-induced plasticity in nest visitation rates in the Siberian jay (*Perisoreus infaustus*)[J]. Behavioral Ecology, 16: 309-315.
EGGERS S, GRIESSER M, NYSTRAND M, et al., 2006. Predation risk induces changes in nest-site selection and clutch size in the Siberian jay[J]. Proceedings of the Royal Society B: Biological Sciences, 273: 701-706.
HOLYOAK D, 2009. Behaviour and Ecology of the Chough and the Alpine Chough[J]. Bird Study, 19: 215-227.
HUANG T, ZHOU L, XU Z, 2019. The characteristic of corvus pectoralis's complete mitochondrial genome and phylogeny analysis[J]. Mitochondrial DNA Part B, 4: 3513-3514.
JING Y, LÜ N, FANG Y, et al., 2011. Home range, population density, and

habitat utilization of the Sichuan Jay (*Perisoreus internigrans*)[J]. Chinese Birds, 2: 94-100.

KNIJFF P DE, 2014. How carrion and hooded crows defeat Linnaeus's curse[J]. Science, 344: 1345-1346.

KRYUKOV A P, SPIRIDONOVA L N, MORI S, et al., 2017. Deep Phylogeographic Breaks in Magpie *Pica pica* Across the Holarctic: Concordance with Bioacoustics and Phenotypes[J]. Zoolog Sci, 34: 185-200.

LEE S I, PARR C S, HWANG Y, et al., 2003. Phylogeny of magpies (genus *Pica*) inferred from mtDNA data[J]. Molecular Phylogenetics and Evolution, 29: 250-257.

LONDEI T, 2013. About the geographic distribution of the Xinjiang Ground Jay (*Podoces biddulphi*)[J]. Chinese Birds, 4: 184-186.

LU N, JING Y, LLOYD H, et al., 2012. Assessing the Distributions and Potential Risks from Climate Change for the Sichuan Jay (*Perisoreus internigrans*)[J]. The Condor, 114: 365-376.

MA M, 2001. The Distribution and Ecological Habits and Characteristics of Xinjiang Ground Jays in Taklamakan Desert[J]. Arid zone research (3): 29-35.

MA M, 2011. Status of the Xinjiang Ground Jay: population, breeding ecology and conservation[J]. Chinese Birds (1): 59-62.

SALEMA C A, GALE G A, BUMRUNGSRI S, 2018. Nest-site selection by Common Green Magpie (*Cissa chinensis*) in a tropical dry evergreen forest, northeast Thailand[J]. The Wilson Journal of Ornithology, 130: 256-261.

SONG K, HALVARSSON P, FANG Y, et al., 2020. Genetic differentiation in Sichuan jay (*Perisoreus internigrans*) and its sibling species Siberian jay (*P. infaustus*)[J]. Conservation Genetics, 21: 319-327.

UJFALUSSY D J, MIKLÓSI Á, BUGNYAR T, 2013. Ontogeny of object permanence in a non-storing corvid species, the jackdaw (*Corvus monedula*)[J]. Animal Cognition, 16: 405-416.

ZONG C, WAUTERS L A, RONG K, et al., 2012. Nutcrackers become choosy seed harvesters in a mast-crop year[J]. Ethology Ecology & Evolution, 24: 54-61.

中文名笔画索引

学名索引

C

D

G

N

P

T

U